大型铸锻件及结构件超声波探伤

赵荒培　王慈公　党政辉　编著

北　京
冶 金 工 业 出 版 社
2012

内 容 提 要

本书较完整地介绍了大型铸锻件的超声波探伤，重点介绍了不同类大锻件如汽轮机转子、筒形锻件、真空处理锻件、钢板、复合板、真空处理与调质处理碳钢与合金钢压力容器锻件以及奥氏体钢锻件的超声波检测。本书的特点是不但介绍了大型铸锻件的工艺特点，而且对铸锻件的物理性能及冶金缺陷的成因与缺陷超声特征作了论述。本书介绍的方法均是当前国际上通用的方法，具有实际操作意义。

本书适合金属材料及其制件超声波检验的技术人员阅读参考。

图书在版编目（CIP）数据

大型铸锻件及结构件超声波探伤／赵荒培，王慈公，党政辉编著．—北京：冶金工业出版社，2012.1

ISBN 978-7-5024-5824-9

Ⅰ．①大…　Ⅱ．①赵…　②王…　③党…　Ⅲ．①大型铸件—超声检验　②大型锻件—超声检验　Ⅳ．①TG25　②TG316

中国版本图书馆 CIP 数据核字（2012）第 005309 号

出 版 人　曹胜利
地　　址　北京北河沿大街嵩祝院北巷 39 号，邮编 100009
电　　话　（010）64027926　电子信箱　yjcbs@cnmip.com.cn
责任编辑　杨盈园　王雪涛　美术编辑　彭子赫　版式设计　孙跃红
责任校对　石　静　责任印制　张祺鑫
ISBN 978-7-5024-5824-9
北京百善印刷厂印刷；冶金工业出版社出版发行；各地新华书店经销
2012 年 1 月第 1 版，2012 年 1 月第 1 次印刷
850mm×1168mm　1/32；9 印张；239 千字；273 页
28.00 元

冶金工业出版社投稿电话：（010）64027932　投稿信箱：tougao@cnmip.com.cn
冶金工业出版社发行部　电话：（010）64044283　传真：（010）64027893
冶金书店　地址：北京东四西大街 46 号（100010）　电话：（010）65289081（兼传真）
（本书如有印装质量问题，本社发行部负责退换）

前　言

超声波探伤（UT）是应用于冶金工业及装备制造业产品质量控制的一种检验方法。UT的最大优点是检测裂纹等面状缺陷的能力强。材料的强度越高对裂纹的危害就越敏感，裂纹引起的强度下降就越显著，如高强度钢等。因此，超声波尽量垂直于裂纹面入射的探伤方法是探伤技术人员的首要选择。

生产中常发现大锻件存在孔隙性缺陷和裂纹性缺陷，表现为锻件经超声波探伤时缺陷超标，一般为密集型缺陷和单个缺陷超标。超声波探伤缺陷超标成为大锻件判废的主要依据。因此，研究大型锻件内部缺陷的预防以及内部缺陷的修复规律，不仅具有理论意义，而且具有更广泛的实际意义。

无损检测可代替破坏试验，但这不意味着破坏试验就完全没有必要。无损检测是利用试块的物理性质来判定原材料或焊缝的缺陷程度和强度，这种方法不能得到和破坏试验完全相同的结果，只能得到代用特性。超声波检测出的缺陷判定基准可依据以下两方面：

(1) 质量管理基准，对材料和焊缝的缺陷判定具有某种程度的余量。一般是充分考虑安全的判定。

(2) 技能适应性基准，必须考虑材料和焊缝的使用条件。判定较质量管理基准复杂，但能尽量减少质量过剩。

一般而言，超过质量管理基准水平的缺陷不一定是绝对不能允许的，也不一定必须修补，最终的判定是根据有关条件之后的更详细的评价来确定。其材料的断裂力学试验结果可作为判定的重要数据。大型铸锻件及其结构件经超声探伤，发现工件内部存在缺陷后，缺陷的准确性分析，对以后冶炼铸锭、锻造工艺的改进起着非常重要的作用。大型铸、锻件及其结构件一般处于机器中最关键的部位，受力大、复杂，不允许有孔隙性缺陷，然而由于大型铸、锻件制造技术的特殊性和复杂性，生产中常发现大锻件存在孔隙性缺陷和裂纹性缺陷，超声波探伤缺陷超标便成为大型铸件补焊及锻件判废的主要原因。在制造过程中，钢铁的冶金质量和凝固特性不可避免地会给钢锭带来许多夹杂、疏松、裂纹等原始缺陷，以锻件为例，虽然随着冶炼浇注技术的进步，这些缺陷的数量、大小、形状、分布和组成等都会得到较大程度地改善，但缺陷仍然存在。如果锻坯在塑性加工过程中应力状态不良，变形分布、温度分布不均，都会给孔隙性缺陷和裂纹性缺陷的形成和发展提供条件。

近年来，超声波检测的新标准、新技术不断提升，对本行业拥有新技术知识专业人才的需求更加迫切，急需一批高水平、高素质的大型铸锻件及结构件超声检测专业技术人员，不但要熟知国内本行业的标准，而且要了解国际相关标准（如 ASTM、ASME、DIN、JIS、EN 等）。

目前介绍大型铸锻件探伤的书籍与文献很少，本书较完整地介绍了大型铸锻件的超声波探伤，重点介绍了不同类型大锻件如汽轮机转子、筒形锻件、真空处理锻件、钢板、复合板、真空处理与调质处理碳钢与合金钢压力容器锻件以及奥氏体钢锻件的超声波检测。本书特点是不但介绍了大型铸、锻件的工艺特点，而且对铸、锻件的物理性能及其冶金缺陷的成因与缺陷超声特征作了论述。本书介绍的方法均是当前国际上通用的方法，具有实际操作意义。

本书可供金属材料及其制件超声波检验的工作人员参考，

其主要依据是 ASTM 的相关无损检验标准，并参考了国家船级社、国际船级社相关的船规，并详细记述了中冶京诚（营口）装备技术有限公司检测中心探伤室自 2007 年成立以来所做的无损检验的典型案例。本书具体规定了无损检测对人员、设备仪器、使用材料和试块、工艺要求、技术条件、工作环境、工作程序、实验操作的要求，以确保检测结果准确可靠，对本行业的专业技术人员具有较高的参考价值。具体参考本书的技术人员，还需对其所使用设备与采用的标准有深刻的了解。

编　者

2011 年10月

目　录

1　锻件超声波探伤

1.1　超声波检测

1.1.1　适用范围

本规范是直探头与斜探头技术进行大锻件超声波检验的标准，直探头技术是 DGS 方法，其依据为 ASTM A388/A388M—2003、ASTM E428 等。

1.1.2　超声波仪器要求

1.1.2.1　频率

锻钢件（奥氏体钢除外）频率：1 ~5MHz。

奥氏体不锈钢频率：0.4 ~5MHz。

1.1.2.2　超声波的线性

ASTM A388 规定，当声波振幅超过整个屏高 75% 时，其线性图像（误差）小于 5%。不采用电子测量仪器对探伤仪器的线性评估可参照 ASTM E317 的规定，其简介如下。

A　水平线性（horizontal limit and linearity）

水平线性是测定不连续缺陷深度所需要的物理量，是最小超声波可读值。非线性的扫描可能影响裂纹（缝）或壁厚的显示屏上图谱的精确性。

水平线性的标定：

(1) 试块。

标定超声波的线性需要标准试块。所谓标准试块是指国家权威机构对材质、形状、尺寸和性能已确定的对比试块。在标准试块与对比试块之间没有本质差别。这里的标准试块是指标明灵敏度标准的试块，是以调整灵敏度为主的试块。ASTM E317 推荐的试块如图 1－1 所示。

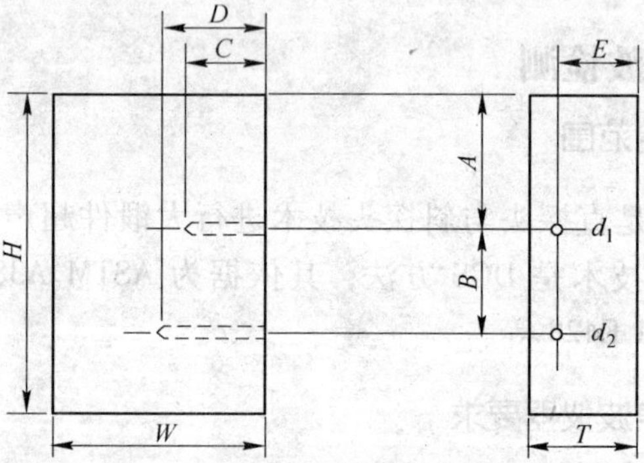

图 1－1 ASTM E317 推荐的试块

（材料：铝；平底孔堵塞物：不溶于水的工程塑料）

（2）检测过程。

试块应该与探头相匹配，以便标准孔的声波反射不产生彼此干扰。调谐仪器的增益、扫描延时、扫描长度，显示出 11 个不干扰的背反射波。设定每一反射波的波幅高度为 50% 全屏高度（满刻度）后测定其波的水平位置。进一步调节扫描控制（扫描范围、中心或延时），设置探伤仪荧屏上第三、第九反射峰的高度在 20%～80% 之间（设置的波峰幅度小于 50% 满刻度）。当调谐完毕后，记录各峰的刻度位置。如果不采用扫描延时功能，测量第二与第八反射峰的相应数值。

（3）检测数据的含义。

检测的数据可以反映如下信息：水平限制，表达了荧屏最大的背反射波，即 100% 满刻度为正确值，偏离 100% 满刻度的显示为仪器错误。线性检测的结果可用表格的形式表达，最好采用图示（详见图 1－2）。

由图 1－2 可见，第六背反射波值为 55%。偏差为 5%。最

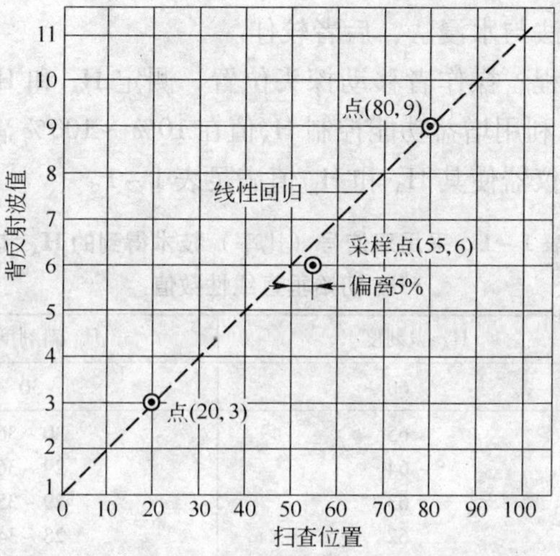

图 1-2　水平线性测定示意图

大非线性为检验的“最坏状况”。线性范围为系列背反射波的数值都在可控的不确定度范围内。

B　垂直限度与线性

垂直限度与线性是探伤仪器显示屏所显示的背反射信号的波幅，该波幅与相应的反射信号相对应，并用来评估不连续缺陷伤波及确定验收合格的阈值。对于有调幅精度要求的检验需特定最小的偏离值与线性限度，反之亦然。有 A 和 B 两种方法检测垂直限度与线性。这两种方法都假设初始脉冲、分界面回波或毗邻的复合波等邻近波不相互干扰。由于条件的差别，这两种方法对于同一检验可能给出不同的结果。

(1) 方法 A。

需要一个可产生两个彼此独立的、振幅（H_A 和 H_B）比例为 2∶1 的标准试块（见图 1-1）。这两个回波信号可以通过仪器的信号增益功能而改变，设：

$$H_A > H_B$$

可采用接触法与水浸法，后者较佳。

检测过程：操作者移动探头位置，测定 H_A 和 H_B 的振幅比例为2：1。利用增益功能控制 H_A值在10% ~100%满刻度区间。控制探头与仪器使其 H_A 和 H_B 值满足表1－1。

表1－1 采用双信号（比率）技术得到的 H_A 和 H_B 初始垂直线性数值

数 值	H_A 满刻度/%	H_B 满刻度/%
首选参数	60	30
合格	65	30~36
	64	29~36
	63	29~35
	62	28~34
	61	27~34
	60	27~33
	59	27~33
	58	26~32
	57	26~32
	56	25~31
	55	25~31

数据的含义：垂直限度给出大的反射物（例如试块）反射波（视频基线背底至峰顶，峰对峰的最大垂直偏差）。H_A 为线性上限，H_B 为线性下限。如果垂直线性曲线不理想，则需做出新的线性试验曲线。详见图1－3。

（2）方法B。

该法需要附加一个外控衰减器，其系统配置为：

频率：直流至100MHz；

衰减：0~80dB，最小调节单位1dB；

阻抗：50Ω或75Ω。

其仪器配置见图1－4。

检测过程：采用外接具有约30dB衰减输出的衰减器，调节

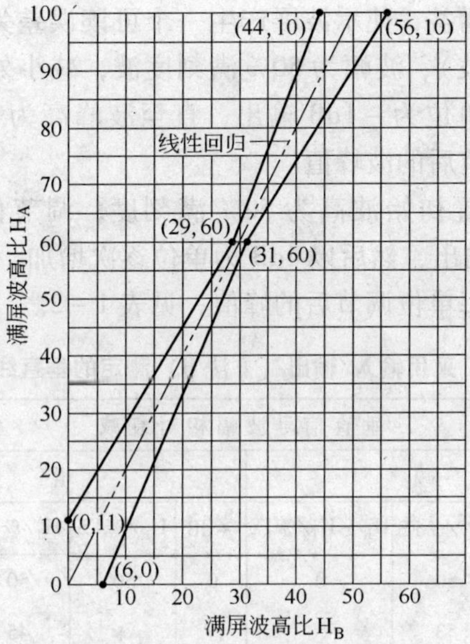

图 1-3 方法 A 测得的垂直线性曲线

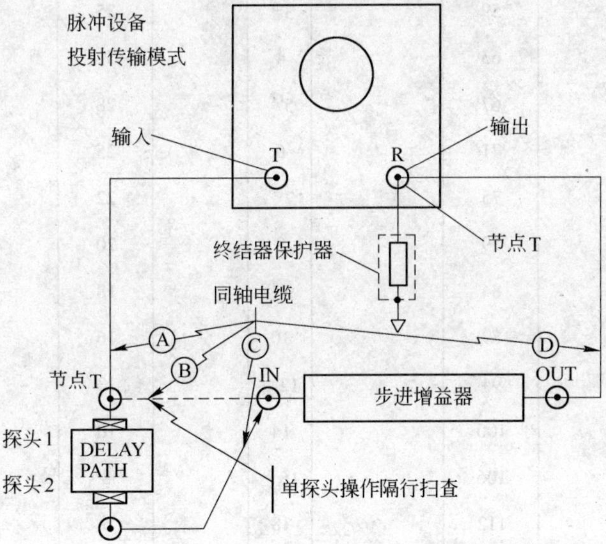

图 1-4 垂直线性（方法 B）与增益控制标定系统

仪器的扫描与增益，使示波屏产生一个可读误差为2%（即2%满刻度或更低波）、波幅为50%满刻度波，减小外来衰减信号，信号调节按每单位为-1dB输出，直至波峰高为100%满刻度。记录每单位调节后的波峰值。

再从新设置初始波高为50%满刻度，调节信号按每单位+2dB分五次输出，然后以4dB为单位逐次增加，直至信号峰完全消失。记录每单位调节后的峰值，见表1-2。

表1-2 采用输入/输出（方法B）测定的垂直线性范围

垂直信号波幅相对衰减							
衰减				增益			
-dB	H_R①/%FS	H_T②/%FS	H_R-H_T/%FS	+dB	H_R/%FS	H_T/%FS	H_R-H_T/%FS
0	50	50	0	0	50	50	0
0.5③		53		1③		45	
1.0		56		2		40	
1.5③		59		3③		35	
2.0		63		4		32	
2.5③		67		5③		28	
3.0		71		6		25	
3.5③		75		7③		22	
4.0		79		8		20	
4.5③		84		9③		18	
5.0		89		10		16	
5.5③		94		12③		13	
6.0		100		14		10	
6.5④		106		16③		8	
7.0④		112		18		6	
7.5④		119		20③		5	

续表 1-2

垂直信号波幅相对衰减							
衰　减				增　益			
-dB	H_R①/%FS	H_T②/%FS	H_R-H_T/%FS	+dB	H_R/%FS	H_T/%FS	H_R-H_T/%FS
8.0④		126		22		4	
—		—		24③		3	
—		—		26		2.5	
—		—		28③		2	
—		—		30		1.5	
—		—		32③		1.2	
—		—		34		1.0	

① H_R—垂直显示值；

② H_T—理论值；

③ 建议可选增益衰减；

④ 增益根据满刻度选取。

数据的含义：偏离理想线性的数据可以用表或图（详见图1-5）的形式表述。在 ASTM E317—2001 中规定：除非有其他要求，通常垂直线性误差为±5%。

1.1.2.3 精确度

探伤深度的精确度，对于反射的位置，以及反射是多反射还是单个反射，或边界反射的定性、定量测定都具有重要的意义。本节仅论述入射面与反射面的精确度。由于垂直线性在某些条件下与其干扰区域（如次表面）相关，在此也稍有阐述。

A 标准试块

选择适宜孔径与精确度的距离长度的试块。试块的冶金组织、成分、表面质量以及尺寸都影响检测的精确度。钢铁的标准试块要求需符合 ASTM E317 的要求。试块有多个孔与沟槽。试块的样板详见图 1-6。

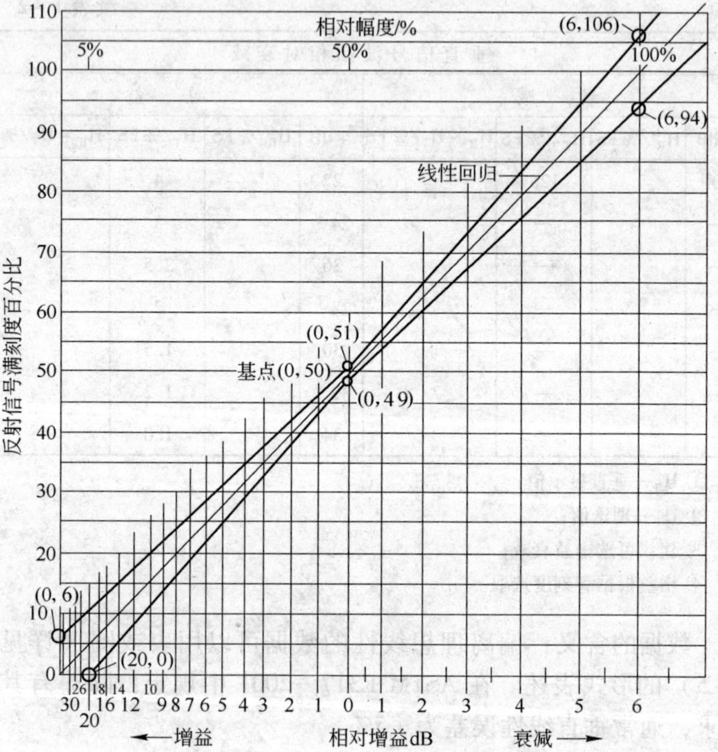

图 1－5 方法 B 测得的垂直线性曲线

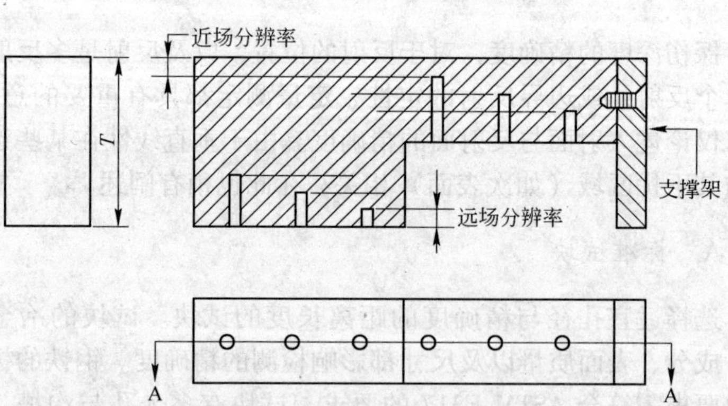

图 1－6 ASTM E317 推荐的试块

B 检测过程

测定精确度，需要确定试块、频率、探头及检测条件等因素。选择的试块，其试验孔需要反射出 80% 满刻度。其实验条件可由图 1－7 说明。

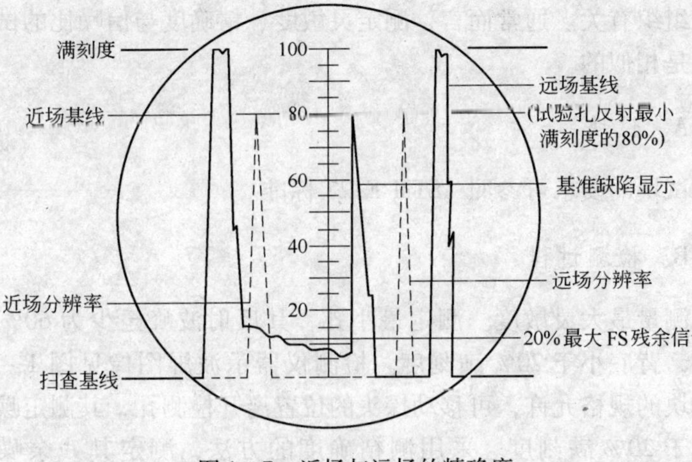

图 1－7 近场与远场的精确度

如果必须测定近表面的线性精确度，其评估详见图 1－8。

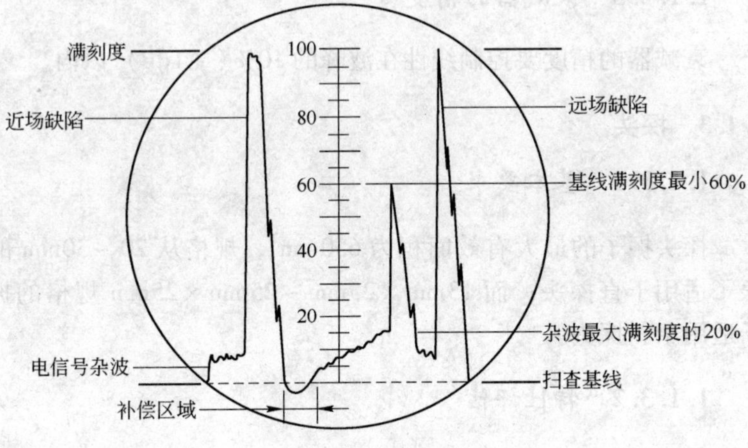

图 1－8 信噪比图

1.1.2.4 灵敏度与噪声

灵敏度是测量超声探伤系统探测试样不连续缺陷所产生的低幅峰的最小信号。灵敏度与不连续部位的大小、几何形状或声程有关。噪声是覆盖不连续反射的电子或声学信号。噪声与被测材料的组织有关。通常而言，测定灵敏度、精确度与信噪比的试验条件是相似的。

A 试块

试块的要求可参照 ASTM E127 标准。

B 检测过程

测量最大灵敏度。测定最小孔，其反射波峰至少为 60% 满刻度，背底小于 20% 满刻度。检测仪器示波屏图像见图 1－8。若试块的规格允许，可移动探头的位置离开检测孔，其测定噪声仍小于 20% 满刻度。采用测精确度的方法，测定其残余噪声(背底)。

1.1.2.5 衰减器的精度

衰减器的精度要控制线性在波峰的 10%（+1dB）以内。

1.1.3 探头

1.1.3.1 基本要求

探头振子的最大有效面积为 $650mm^2$，规格从 20～30mm 的振子适用于直探头；而 13mm×25mm～25mm×25mm 规格的振子适用于斜探头。

1.1.3.2 特性评估

采用超声设备对探头的性能进行评估。通常探头可作为探伤仪的一个元件进行检测。本节介绍的是对新探头或使用一个维护周期后探头的检查内容。

探头性能术语如下：

（1）孔径（aperture）——探头压电元件的有效面积尺寸。

（2）频带宽度（BW）——频率响应符合限制部分，用百分数表示。ASTM E1065—99 规定的限制为 -6dB 的定义为：

$$BW = \frac{f_u - f_l}{f_c} \times 100$$

式中 f_u——上频率；

f_l——低频率；

f_c——中心频率。

（3）中心频率（f_c）——频宽限制中心的频率值。

（4）场深度——聚焦探头轴向测量所得到的限制范围内的声速。

（5）焦距——聚焦探头、透镜到焦点的距离。

（6）焦点——聚焦探头沿着在水中由球反射器发射的声速轴脉冲回波的点。

（7）频率响应——测量探头的脉冲回波（可参考频谱）。

（8）额定频率（f_{nom}）——生产厂家提供的标称频率。

（9）轴向波面——沿着探头光束轴向所做的系列值。

（10）峰频率（f_p）——频率响应最大振幅的频率值。

（11）脉冲宽度——探头压电效应所产生的脉冲时间或周期的量，即脉冲所能达到的最大值称为脉冲宽度。形状、幅度和宽度是脉冲的主要参数。

（12）脉冲回波灵敏度——从特定的脉冲回波记录的脉冲回波电压振幅与所使用的电压振幅的对比测量。

（13）激励——应用于探头的一个瞬间电子脉冲，是快上升时间与短宽度的负电压尖峰信号冲量。

（14）横截波面——与探头声速的轴向相垂直的系列测

量值。

（15）波形持续时间——波形中各准半周期的总和，又称为波形总宽度。

1.1.4 耦合剂

具有良好润湿性的液体，如 SAE No. 10 或 SAE No. 30 的机油、甘油、松节油或水等。耦合剂彼此之间无相关性，同一耦合剂可用于检测与标定的所有过程。

1.1.5 试块

参比试块：系列试块的选择参照 ASTM E317 或 ASTM E428 标准执行。标定仪器的线性：±5%。

1.1.5.1 试块的材质要求

参比试块的声学衰减性质应该与检测的材料类似。其材料的晶粒度、热处理状态、材料的其他物理与化学性质、检验表面状态、生产工艺（轧制、锻造等）要有利于声波的发射与接收。

1.1.5.2 组合试块

按照 ASTM E428，试块按表 1－3 规定组合成一个系列。其具体要求如下：

距离－波幅（D/A）；

缺陷面积－波幅（A/A）；

基本组合（有选择（D/A）与（A/A）组合）。

所有试块符合图 1－9 要求。金属声波传输距离：

试块的孔深 19.05mm，一般要求：±1.5mm；

试块的直径公差：±0.76mm；

检测距离小于 152mm，直径 50.8mm；

表 1-3 推荐的组合试块规格

距离/波幅，19 个一组						背底设置，10 个			缺陷面积/波幅设置，8 个							
金属位移及标记			平底孔直径													
标称值	尺寸	标记	3	5	8	3	5	8	1	2	3	4	5	6	7	8
(in.)	in.(mm)															
1/18	0.0825(1.6)	-00008	3	5	8	…	…	…								
1/8	0.125(3.2)	-0012	3	5	8	…	5	…								
1/4	0.250(6.4)	-0025	3	5	8	…	5	…								
3/8	0.375(9.5)	-0038	3	5	8	…	…	…								
1/2	0.500(12.7)	-0050	3	5	8	…	5	…								
5/8	0.625(15.9)	-0062	3	5	8	…	…	…								
3/4	0.750(19.1)	-0075	3	5	8	…	5	…								
7/8	0.875(22.2)	-0088	3	5	8	…	…	…								
1	1.000(25.4)	-0100	3	5	8	…	…	…								
1 1/4	1.250(31.8)	-0125	3	5	8	…	…	…								
1 1/2	1.500(38.1)	-0150	…	…	…	…	5	…								
1 3/4	1.750(44.5)	-0175	3	5	8	…	…	…								
2	2.000(50.8)	-0200	…	…	…	…	…	…								
2 1/4	2.250(57.2)	-0225	3	5	8	…	…	…								
2 1/2	2.500(63.5)	-0250	…	…	…	…	…	…								
2 3/4	2.275(69.9)	-0275	3	5	8	3	5	8	1	2	3	4	5	6	7	8
3	3.000(76.2)	-0300	…	…	…	…	…	…								
3 1/4	3.250(82.6)	-0325	3	5	8	…	…	…								
3 1/2	3.500(88.9)	-0350	…	…	…	…	…	…								
3 3/4	3.750(95.3)	-0375	3	5	8	…	…	…								
4	4.000(101.6)	-0400	…	…	…	…	…	…								
4 1/4	4.250(108.0)	-0425	3	5	8	…	…	…								
4 1/2	4.500(114.3)	-0450	…	…	…	…	…	…								
4 3/4	4.750(120.7)	-0475	3	5	8	…	…	…								
5	5.000(127.0)	-0500	…	…	…	…	…	…								
5 1/4	5.250(133.4)	-0525	3	5	8	…	5	…								
5 1/2	5.500(139.7)	-0550	…													
5 3/4	5.750(146.1)	-0575														
6	6.000(152.4)	-0600														
6 1/4	6.250(158.8)	-0625														
6 1/2	6.500(165.1)	-0650														

检测距离 152～305mm，试块直径 63.5mm；

孔径小于 1.6mm 的孔径公差：±0.013mm；孔径大于 1.6mm 的孔径公差：±0.03mm；

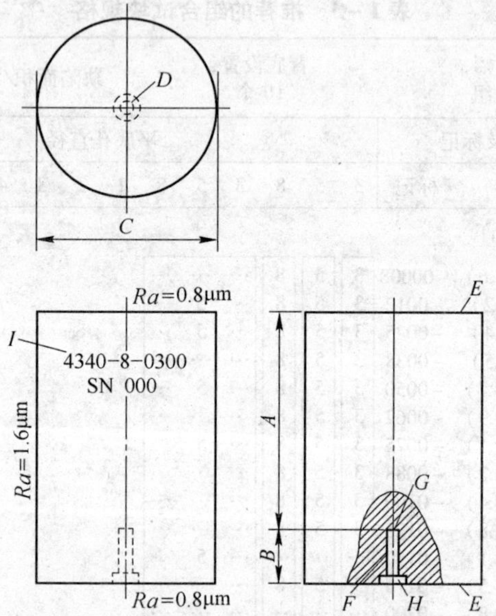

图 1-9 参比标块图

（试块标识：4340 = 合金牌号；8 = 孔的尺寸 1/64in；0300 = metal travel）

表面粗糙度：0.01mm，平行度：0.02mm。

在制作试块过程中，产生试块的角部误差较大，所以试块角部 3.2mm 范围内可以不符合规定的公差。孔必须垂直于试样表面，垂直角度偏差应小于 0°20′。试验孔的孔底平整度为 1mm/125mm，不得偏离纵轴 0.38mm。平底孔直径 0.635mm，深度 1.62mm（0.064in）。

1.1.5.3 试块的孔底面积与振幅图

相同外部规格与入射面到底孔的距离是相同的，而底孔的规格是不同的一组试块。通过调整探伤检测系统的灵敏度，使其底孔规格接近中等范围试块的振幅在 30% ~40% 之间，不改变仪器参数，测其余试块的振幅，绘制底孔面积与振幅数据图。4340 钢试块的 A/A 曲线见图 1-10。

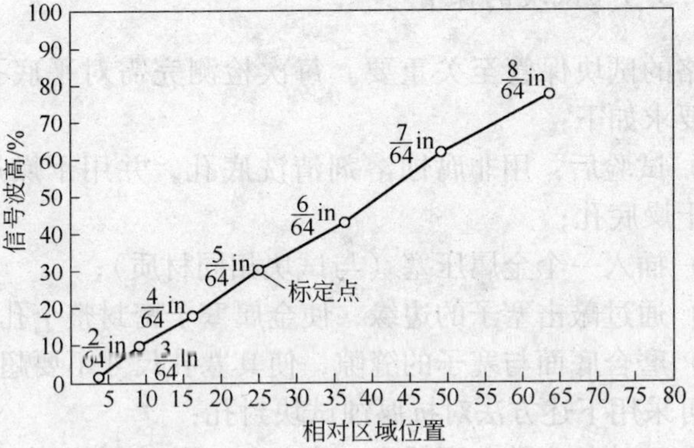

图 1-10 水浸法测得的 4340 钢试块的 A/A 图（1in = 25.4mm）
（测试频率 10MHz；水程 78mm；探头直径 9.5mm；平底孔直径 2.0mm）

1.1.5.4 距离波幅曲线

一组试块，尺寸与孔径是确定的，入射面至底孔面的距离是变量。在距离区间为较低值的 1/4 区间，调节仪器的灵敏度使其振幅的峰值为 70% ~80% 满刻度。固定此检测参数测其曲线（详见图 1-11）。

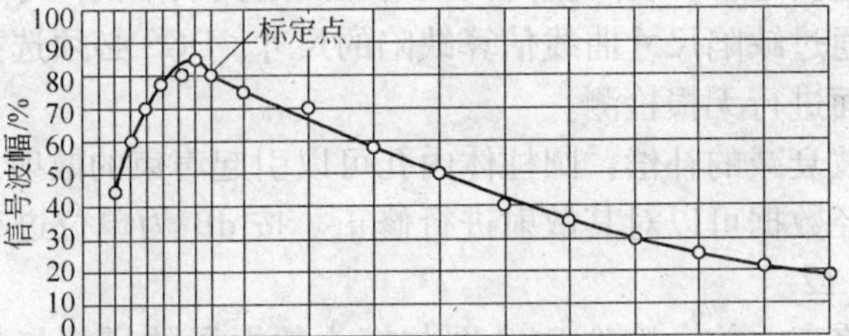

图 1-11 4340 钢试块的 D/A 图（水浸法）
（测试频率 10MHz；水程 78mm；探头直径 9.5mm；平底孔直径 2.0mm）

1.1.5.5 试块的保管

合格的试块保管至关重要。每次检测完需对平底孔进行塞封。其要求如下：

（1）试验后，用非腐蚀溶剂清洗底孔，并用干燥过滤的压缩空气干燥底孔；

（2）插入一个金属压塞（与试块相同材质）；

（3）通过敲击塞子的边缘，使金属塞子密封整个孔；

（4）磨合底面与塞子的缝隙，使其塞孔尺寸不要超出误差。

也可采用下述方法对抗腐蚀试块封孔：

（1）清洁的底孔，可插入一个3.2mm长的有机物（phenolic or TFE－fluorocarbon）塞子，塞入孔长度的1/2处；

（2）用硅胶或环氧树脂封孔；

（3）孔塞与孔底之间要留有足够的空气间隙。

1.1.6 DGS法

对应于直探头，可以利用距离－增益－尺寸（distance-grain-size）原理进行无损检测。通过测定背底反射波来测定缺陷。表示回波声程、幅度（dB）和缺陷之间的曲线称为DGS，可用于锻件检测时缺陷的当量计算。

通过测定部件所产生的回波对比测定其缺陷的尺寸。缺陷的回波可通过缺陷尺寸曲线估算缺陷的尺寸。DGS必须选择锻件整个横截面进行无损检测。

回波衰减的补偿：圆柱体内孔可以引起声束的散射。根据壁厚与孔径数据可以对其散射进行修正。按dB为单位进行的修正见图1－12。

在修正之前，检验DGS图与探头的振子的尺寸与频率是否相匹配。可通过参比试样与ASTM E317的要求进行证明，进行系列化地匹配超声波振子与脉冲回波。

采用dB增益，通过Nomogram图（图1－13），探伤仪的增益可以精确调整。

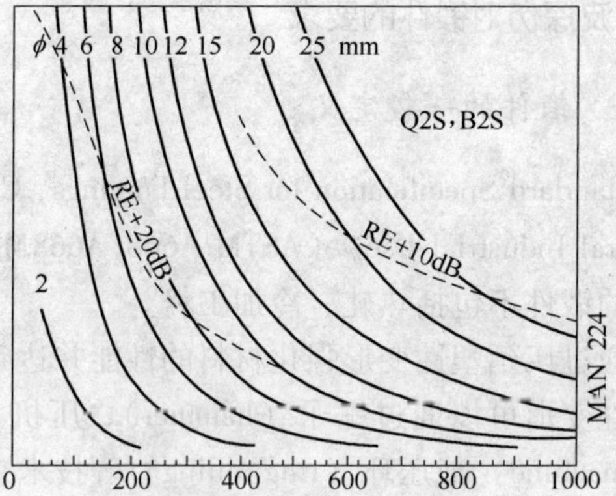

图 1-12 DGS 图

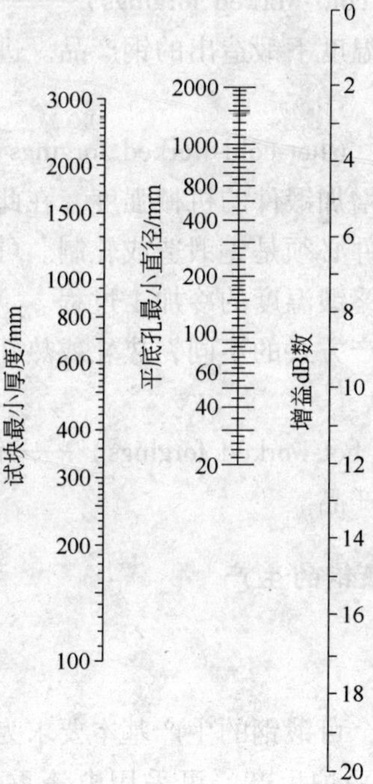

图 1-13 圆柱体或平行面锻件背反射增幅

1.1.7 超声波探伤对锻件的要求

1.1.7.1 锻件的一般定义

按照《Standard Specification for Steel Forgings, Carbon and Alloy, for General Industrial Use》(ASTM A668/A668M—04)规定：本规范定义的锻件不包括热轧、冷加工材。

锻件：通过压延塑性变形强化材料的性能并达到规定形状的产品，其塑性变形可以通过锤子（hammer）、压机（press）、锻造（forging machine）或压环（ring rolling）等技术来完成。热轧可生产大的连铸坯以供锻造。按锻造温度的不同，锻件可分为三个等级：

（1）冷锻件（cold-worked forgings）——锻件生产的塑性变形温度低于再结晶温度下锻造出的钢产品。进行冷锻的材料来自于锻材或轧材。

（2）热冷锻件（hot-cold-worked forgings）——锻造温度稍低于重结晶温度可增加锻件的机械强度，在此温度下锻造出的产品，热-冷加工锻件必须是先锻造或轧制。可以是一个连续的先热加工，然后控制终锻温度的冷加工过程。

讨论：由于生产方式的不同，热轧或热轧与冷处理棒材、连铸坯不认为是锻件。

（3）热锻件（hot-worked forgings）——锻造温度高于再结晶温度锻造出的钢产品。

1.1.7.2 可锻钢的生产

A 冶炼要求

除非另有规定，可锻钢的生产基本要求为：电炉、碱性氧气炉、真空感应炉或平炉生产，可采用电渣重熔或真空电弧重熔（VAR）脱气或精炼工艺。

B 冶炼化学成分

可锻钢的冶炼化学成分是浇注时取样测得的结果。当多炉浇注时，既可以是单炉也可以是多炉的权重平均成分。对于重熔锻钢，取其中一炉浇注的铸锭之一作为该炉的化学成分结果；对于多炉浇注一个电渣重熔的电极，每炉相应电极段的成分都要符合产品的标准要求。

由一炉或数炉浇注成一个产品的锻件，其成品的化学成分试样可取自锻件的延伸段或实心锻件断面的半径二分之一处，或空心锻件的内外表面的中间部分的点。该试样也可以是力学性能试样，或者取自产品标准规定的力学性能取样点的位置。

(1) 锻件残余元素与未规定元素。

碳与低合金锻钢中未规定元素最大允许量为：Cu 0.35%；Ni 0.30%；Cr 0.25%；Mo 0.10%；V 0.03%。

但由于钒可细化晶粒，并可作为脱氧剂，有些产品要求其含量不能超过0.08%。

(2) 真空碳脱氧对硅含量的要求。

钢液真空碳脱氧过程中，硅含量不得高于0.10%。

(3) 锻钢硫和磷的限制含量。

锻钢硫和磷的限制含量详见表1-4与表1-5。

表1-4 A级锻钢硫和磷的限制含量

A级别	冶炼成分	成品成分
P含量/%	≤0.015	≤0.018
S含量/%	≤0.018	≤0.021

表1-5 B级锻钢硫和磷的限制含量

B级别	冶炼成分	成品成分
P含量/%	≤0.012	≤0.015
S含量/%	≤0.015	≤0.018

(4) 锻钢铜的限制含量。

对于 A 级锻钢，冶炼成分分析与成品成分分析铜的含量应小于 0.15%；对于 B 级锻钢，其含量应小于 0.10%。

(5) 锻件的冶炼成分与成品分析成分。

锻件的冶炼成分与成品成分分析应该一致，其变动范围见表 1-6。

表 1-6 脱氧钢成品分析的允许误差

元素	范围	$650cm^2$	650 ~ $1300cm^2$	1300 ~ $2600cm^2$	2600 ~ $5200cm^2$	5200 ~ $10300cm^2$	>$10300cm^2$
C	≤0.05	0.005	0.005	0.005	0.01	0.01	0.01
	0.05 ~ 0.10(含 0.10)	0.01	0.01	0.01	0.01	0.01	0.01
	0.11 ~ 0.25(含 0.25)	0.02	0.03	0.03	0.04	0.05	0.05
	0.25 ~ 0.55(含 0.55)	0.03	0.04	0.04	0.05	0.06	0.06
	>0.55	0.04	0.05	0.05	0.06	0.07	0.07
Mn	≤0.90	0.03	0.04	0.05	0.06	0.07	0.08
	>0.90	0.06	0.06	0.07	0.08	0.08	0.09
P	≤0.05	0.0008	0.0008	0.010	0.010	0.015	0.015
S	≤0.030	0.005	0.005	0.005	0.005	0.006	0.006
	0.031 ~ 0.60(含 0.60)	0.008	0.010	0.010	0.010	0.015	0.015
Si	≤0.035	0.02	0.03	0.04	0.04	0.05	0.06
	>0.035	0.05	0.06	0.06	0.07	0.07	0.08
Ni	≤1.00	0.03	0.03	0.03	0.03	0.03	0.03
	1.01 ~ 2.00(含 2.00)	0.05	0.05	0.05	0.05	0.05	0.05
	2.01 ~ 5.30(含 5.30)	0.07	0.07	0.07	0.07	0.07	0.07
	5.31 ~ 10.00(含 10.00)	0.10	0.10	0.10	0.10	0.10	0.10
	>10.00	0.15	0.15	0.15	0.15	0.15	0.15
Cr	≤0.90	0.03	0.04	0.04	0.05	0.05	0.06
	0.90 ~ 2.00(含 2.00)	0.05	0.06	0.06	0.07	0.07	0.08
	2.11 ~ 10.00(含 10.00)	0.10	0.10	0.12	0.14	0.15	0.16
	10.01 ~ 15.00(含 15.00)	0.15	0.15	0.15	0.17	0.17	0.19
	15.01 ~ 20.00(含 20.00)	0.20	0.20	0.20	0.22	0.24	0.24
	>20.01	0.25	0.25	0.25	0.27	0.27	0.29
Mo	≤0.20	0.01	0.02	0.02	0.02	0.03	0.03

续表 1-6

元素	范围	650cm^2	650 ~ 1300cm^2	1300 ~ 2600cm^2	2600 ~ 5200cm^2	5200 ~ 10300cm^2	>10300cm^2
Mo	0.21 ~ 0.40(含0.40)	0.02	0.03	0.03	0.03	0.04	0.04
	0.41 ~ 1.15(含1.15)	0.03	0.04	0.05	0.06	0.07	0.08
	1.16 ~ 5.50(含5.50)	0.05	0.06	0.08	0.10	0.12	0.12
V	≤0.10	0.01	0.01	0.01	0.01	0.01	0.01
	0.11 ~ 0.25(含0.25)	0.02	0.02	0.02	0.02	0.02	0.02
	0.25 ~ 0.50(含0.50)	0.03	0.03	0.03	0.03	0.03	0.03
	>0.50	0.04	0.04	0.04	0.04	0.04	0.04
Nb	≤0.14	0.02	0.02	0.02	0.02	0.02	0.02
	0.015 ~ 0.50(含0.50)	0.06	0.06	0.06	0.06	0.06	0.06
Ti	≤0.85	0.05	0.05	0.05	0.05	0.05	0.05
Co	≤0.25	0.01	0.01	0.01	0.01	0.01	0.01
	0.25 ~ 5.00(含5.00)	0.07	0.07	0.07	0.08	0.08	0.09
	5.01 ~ 10.00(含10.00)	0.14	0.14	0.14	0.16	0.16	0.18
W	≤1.00	0.05	0.05	0.05	0.06	0.06	0.07
	1.01 ~ 4.00	0.09	0.09	0.10	0.12	0.12	0.14
Cu	≤1.00	0.03	0.03	0.03	0.03	0.03	0.03
	1.01 ~ 2.00(含2.00)	0.05	0.05	0.05	0.05	0.05	0.05
	2.01 ~ 5.00(含5.00)	0.07	0.07	0.07	0.07	0.07	0.07
Al	≤0.03	0.01	0.01	0.01	0.01	0.01	0.01
	0.03 ~ 0.05(含0.05)	0.01	0.01	0.01	0.01	0.01	0.01
	0.06 ~ 0.15(含0.15)	0.02	0.02	0.02	0.02	0.02	0.02
	0.16 ~ 0.50(含0.50)	0.05	0.05	0.06	0.07	0.07	0.08
	0.51 ~ 2.00(含2.00)	0.10	0.10	0.10	0.12	0.12	0.14
Zn	≤0.15	0.01	0.01	0.01	0.01	0.01	0.01
N	≤0.02	0.005	0.005	0.005	0.005	0.005	0.005
	0.02 ~ 0.19(含0.19)	0.01	0.01	0.01	0.01	0.01	0.01
	0.20 ~ 0.25(含0.25)	0.02	0.02	0.02	0.02	0.02	0.02
	0.26 ~ 0.35(含0.35)	0.03	0.03	0.03	0.03	0.03	0.03
	0.36 ~ 0.45(含0.45)	0.04	0.04	0.04	0.04	0.04	0.04

表1-6的成分分析允许误差符合A01.06的要求。成品取样位置垂直于原始铸锭的轴向：(1) 粗加工锻件（不包括钻孔）最大横截面；(2) 未加工锻件的最大截面；(3) 大连铸坯或厚板的最大横截面。

C 锻钢的材质类别

按ASTM的要求，可用于锻件的碳钢有6个级别，合金钢有7个级别。其化学成分见表1-7。

表1-7 化学成分要求

元 素	构成/%	
	等级A到F和AH到FH	等级G到N和GH到NH
锰	1.35	—
磷	0.050	0.040
硫	0.050	0.040

表1-7中未涉及的化学成分，锻件生产者应酌情选择，或与用户协商确定其成分含量。美国不同级别牌号钢的化学成分见表1-8。

表1-8 美国钢牌号的化学成分（最大，质量分数） %

元素	等级 X1	等级 X2	等级 X3	等级 X4	等级 X5	等级 X6
钙	0.30	0.45	0.40	0.45	0.45	0.40
锰	0.90	0.90	0.85	1.10	0.90	0.90
磷	0.04	0.04	0.025	0.025	0.025	0.015
硫	0.04	0.04	0.025	0.025	0.025	0.015
硅	0.35	0.35	0.35	0.35	0.35	0.35
镍	—	—	3.75	—	2.00	2.50
铬	—	—	—	1.10	1.00	1.25
钼	—	—	—	0.25	0.30	0.60
钒	—	—	—	—	—	0.20

我国钢的牌号与级别见表1-9。

表1-9 我国钢的牌号与级别

等级		布氏硬度	验收级别
碳钢	A	183（最大）	X1
	B	120~174	X1
	C	137~183	X1，X2
	D	149~207	X1，X2
	E	174~217	X2
	F	187~235	X2
合金钢	G	163~207	X3，X4
	H	187~235	X3，X4
	J	197~255	X3，X4，X5
	K	212~269	X3，X5
	L	255~321	X4，X5
	M	293~352	X5，X6
	N	331~401	X6

1.1.7.3 锻件的热处理与物理检测

锻件有热处理及力学性能的要求。

A 锻件的热处理

锻件的生产对其热处理有明确的规定。对于亚温热处理（intercritical heat treatment）采用多段热处理。其初始奥氏体化温度要高于临界温度 A_{c3}，随后冷却至 A_{c1} 以下。重新热处理至 A_{c1} ~ A_{c3} 区间内，并再次冷却到 A_{c1} 以下规定的温度。

亚临界温度处理基本上是应用于低硬度的低碳、低合金钢，其热处理后的金相组织通常为铁素体与珠光体。

除非另有规定，热处理炉的温度控制点精度为±15℃，炉内控制温差变化±15℃。

a 锻件的装炉基本原则

热送锻件的入炉温度应在350℃以上（指最小截面上的金属温度），所有锻件均应放在垫铁上，一般不小于300mm。同炉热处理的锻件碳含量之差不超过0.20%。热装时待料炉温最好控制在 640 ~ 660℃。

b 待料温度

合金结构钢：500 ~ 660℃。

其他钢：300 ~ 500℃。

在 400℃以下的炉冷过程中，可用坑冷代替炉冷，但应做到：

（1）甩坑时间不超过 4h；

（2）热坑（坑温 50℃以上）甩坑量要小于冷坑量。通常需保持冷却速度小于 10 ~ 15℃/h。

B 锻件的力学性能

力学性能的试验按《Standard Test Methods and Definitions for Mechanical Testing of Steel Products》（ASTM A370），其取样位置详见图 1 - 14。

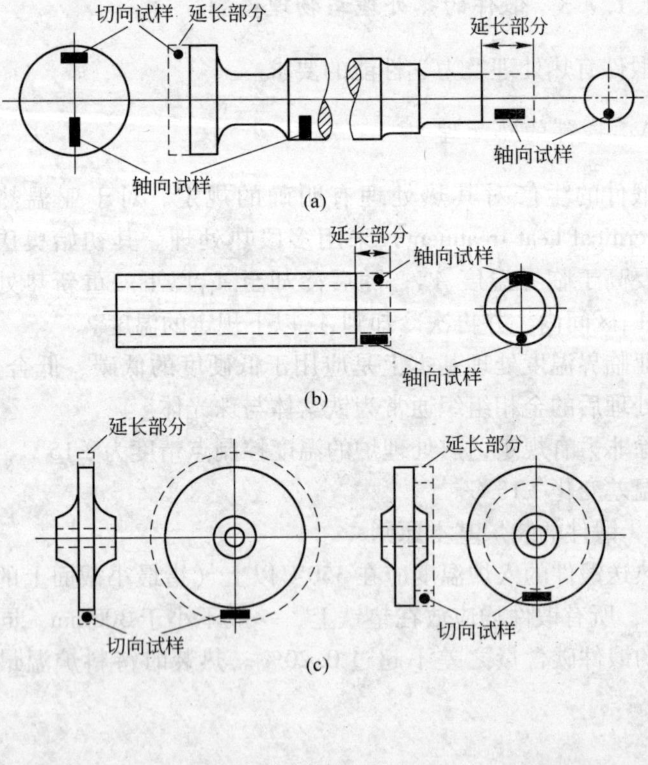

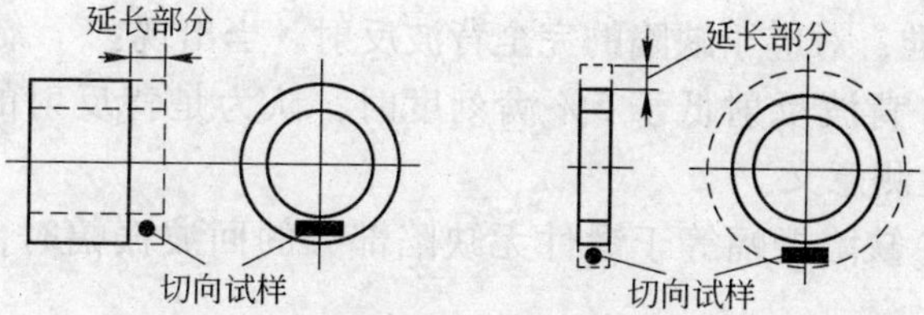

(d)

图1-14 （空心）筒形或圆盘锻件力学性能试样位置
（a）辊轴；（b）空心锻件；（c）圆盘锻件；（d）圆环锻件

锻件表面的压痕硬度检验依据《Standard Practice for Indentation Hardness of Metallic Materials by Comparison Hardness Testers》（ASTM A833）。

C 锻件的晶粒度

采用 ASTM E112 测定锻件奥氏体化或热处理后的晶粒度级别范围。

D 锻件的重新热处理

如果锻件的力学性能一次检验不合格，锻件需要重新热处理。

E 补焊

除非产品标准规定，否则锻件不允许补焊。

1.1.7.4 锻件的超声波检验

依据 ASTM A388 进行大锻件的超声波检查。对于 BR 或 DA 级别的锻件应该进行纵波检测，而对于 S 级别的锻件进行剪切波检测。

A BR 级别——纵波检测

背波反射法（the back reflection method）探伤依据 ASTM

A388 标准，对应于缺陷的完全背波反射。当出现：

（1）背波反射低于 5% 满刻度时，认为是背反射的完全损失，无检测意义。

（2）缺陷振幅等于锻件无缺陷部分的回波振幅时，无检测意义。

出现以上两种情况，可拒绝检验锻件无损检验。

探伤的参比试样需满足如下条件：

（1）参比试块厚度与实际锻件厚度类似，仪器设定不能变化，参比试块与锻件的回波幅度对比差别不能超过 25%。

（2）参比试块的化学成分、组织状态应该与锻件的成分相似。

（3）截面小于或等于 300mm 的锻件，参比试块要有一个 ϕ6.5mm 的底孔。大于 300mm 而小于 455mm 的试块，须有一个 ϕ9.5mm 的底孔。当试块截面等于或大于 455mm 时，须有一个 ϕ9.5mm 的底孔。

（4）对于特定牌号的钢与特定的孔可绘制距离－振幅校准曲线。

B　S 级别——剪切波检测

剪切波检测需按照《Standard Practice for Ultrasonic Examination of Heavy Steel Forgings》（ASTM A388）进行超声检测。该标准对标定缺口、标定比照试块及扫描方法都做了规定。通常采用 60° V 形槽。

C　UT 前对锻件的基本要求

除非另有规定，圆柱形锻件的表面要经机加工处理以便进行径向的 UT 检测。锻件的端部要进行机加工处理，以便 UT 的轴向检测。机加工后的圆盘面或矩形表面要光滑并且面与面之间相互平行。

表面粗糙度不大于 6μm。探伤面要清洁，不允许有污垢、涂料、铁锈等。

D UT 检测过程

a 基本要求

(1) 在切实可行的范围内，需要探测锻件的全部。但由于锻件径向的变化及摆放的限制，锻件的某些部位可能不能探到。

(2) 热处理后（不包括去应力热处理），除了钻孔，机加工的键槽、拔销、沟槽等或机加工部分的等高线区域，如果需要进行力学性能热处理锻件的外形阻碍其随后的锻件的全面检测，则允许力学性能热处理之前进行检测，一旦完全热处理后需再次做超声探伤检测。

(3) 确保锻件的所有部位都检测到。探头检测面积至少重叠15%。

(4) 人工扫描速度不能超过150mm/s。

(5) 如有可能，扫描锻件的所有部位应该按相互垂直的两个方向进行扫描。

(6) 用直探头扫描圆盘件，至少从一个断面由圆周径向向心部扫描。

(7) 直探头扫描圆柱体或中空的锻件，可以径向扫查，实际工作中，也可进行轴向扫查。

(8) 对于中空锻件，当其轴向长度大于50mm，外径/内径的比率在2.0~1.0之间，需采用斜探头扫描。

b 直探头

(1) 频率。

通常采用探头的频率为2.25MHz，对于粗晶与检测距离长的奥氏体材料，可采用频率为1.0MHz的探头。在检测粗晶的奥氏体材料时，多数情况下也采用0.4MHz的探头。

(2) 仪器灵敏度。

背反射标定：可采用背反射与参比试块进行标定。采用背反射标定的锻件入射面与反射面应该平行。

调整仪器的衰减，例如从1/5，或14dB。锻件的背波反射在显示屏上显示反射波满刻度的75%，其衰减器上设置最大波幅扫描锻件（衰减器设置1/1）。在该增益控制下进行不连续缺陷的评估。当锻件的横截面发生变化时须重新标定。

需要说明的是，在检测奥氏体钢锻件时，由于粗晶引起的高噪声，不适宜采用高灵敏度。

参比试块标定：标定的粗糙的检测面不会与检测很好地匹配。调整仪器控制以得到特定参比试块的平底孔的信号。利用衰减器设定仪器的振幅大于垂直线性。在扫描锻件之前，撤去衰减器。

DGS 标定：使用之前，确定探头振子尺寸、频率与其曲线相匹配。可通过参比试块与 ASTM E317 的要求精确地匹配。

选择对应于待检测锻件横截面积的适宜刻度的 DGS 曲线，将该曲线透明图插在探伤仪的显示屏上，调整 DGS 的透明图的基线与屏幕的扫描线重合。将探头放在锻件上，调整增益使第一个底反射波清晰地显示在显示屏上。利用延迟与扫描控制移动显示屏的图谱，使初始脉冲起始边处于 DGS 透明图的零点位置。背反射波对应于锻件的厚度的 DGS 标定值。

调整增益使锻件的背反射波与 DGS 参比斜率相对应，高度差±1dB（美国标准为 dB）。一旦调整结束，增加 DGS 显示的 dB 增益符合参比斜率。探伤仪此时可被标定，可以探测缺陷的尺寸并直接在显示屏上读出。该缺陷尺寸等价于平面底的反射。

上述标定仅适用于固体锻件，对于筒式、中空的锻件，钻孔、镗孔等锻件必须进行修正。补偿由于中心孔衰减见图1-12。

由图1-12测定 dB 修正值。

c 重新标定

若探头、耦合剂、探伤仪设定或扫描速度等条件发生变化，则必须进行重新标定。标定至少每8h一次。当增益水平损失15%或较大时，需要重新标定，并重新检测已探伤的锻件。

d 重新检查

在检测锻件时，背反射波的大小不仅与不连续缺陷相关，而且还与探头和锻件的表面耦合不良、背反射面与检验面不平行有关。应该重新检查引起背散射变化的原因。

e 斜探头检测——环与中空锻件 UT

（1）环件与中空锻件。其轴长大于 50mm，外圆直径与内圆直径在 2 ~ 1mm 之间。

（2）探头。采用 1MHz，45°探头。

（3）标定斜探头探伤仪。使其锻件轴向与平行于轴向内径的矩形或 60°V 形刻槽振幅达 75%。可使用一个单独的标准进行标定。锻件的标定试块应与锻件的组织、热处理及厚度相类似。当有一组锻件需进行检验，可选用其中一支作为参照标块。在内径部位切割一个最大尺寸为 6mm 的槽，其厚度按锻件检查的厚度而定。在探伤仪设定参数不变的条件下得到外径刻槽的反射。画一条线，通过内径与外径刻槽得到第一个反射峰，这是振幅参照线。

当检测外表面时，不能检测到外径的刻槽时，可利用内表面（一些内表面由于太小限制其检测）和外表面进行检测。外表面检查时利用内表面刻槽，内表面检查时利用外表面刻槽。

扫查锻件外表面可按一个方向（顺时针或逆时针方向）进行。轴向检测不能用直探头，需用斜探头两端检测，使用内表面或外表面 60°V 形槽，这些槽可以垂直于锻件的轴线。轴线上的槽规格与内、外表面的槽相似。

f 探伤记录

直探头记录如下：

（1）背反射，记录超过 10% 的独立反射波。参比标块或 DGS 法等于或超过 100% 背反射波。

（2）在相同面上连续出现波幅变化的缺陷波。检测面大于探头直径的 2 倍。精确测量缺陷波的范围。

（3）在一个平面上进行平面反射，如果其主轴大于 25mm，在估算其裂纹深度时必须修正声束的偏离。

（4）在应用背反射法时，不连续缺陷波等于或大于背反射波的5%。在参比试块方法中，缺陷波等于或大于参比试块振幅的50%。这些缺陷可能是连续或成簇的。

（5）移动缺陷波。移动探头从一个边缘移动25mm或更大的深度探到的缺陷。

（6）成簇缺陷。5个或更多缺陷集中在50mm以下边长的立方体中。

（7）原始测量增加10%，背反射波减少20%。

（8）振幅增加10%。

（9）斜角检测：记录不连续缺陷波超过参比线的50%。当不能产生一个振幅参比线，记录的不连续缺陷波等于或超过参比缺口波幅的50%。

g 检测报告

检测报告应包含如下信息：

（1）所有缺陷波。

（2）缺陷的部位，需用一个草图显示锻件的物理轮廓，包括由于锻件几何形状原因未检测区域。锻件的图号、合同号及生产系列号，以及所记录探伤的方向：轴向、径向或周向。

（3）探伤的方法、频率、设置灵敏度的方法、探伤仪的类型、锻件表面精加工状态及探头。

（4）探伤检查员签字及记录检测时间。

h 锻件探伤质量

验收合格标准是由买卖双方共同协商而定。需符合下列条件：

（1）直探头检测：

1）无缺陷波大于参比背反射的特定百分比的波幅。

2）无大于或等于特定参比试块的平底孔发射波幅的伤波。

3）无面积显示背反射损失大于特定比率的背反射波幅。

4）无伤波超过DGS法限定参比要求。

（2）斜探头：

无伤波超过参比刻槽的反射波幅或参比线的波幅。

i 质量水准

锻件的质量与锻件的规格、形状、化学成分、冶炼工艺及其用途相关，因此定义锻件的超声质量显然是不切实际的。锻件产品的超声验收合格或不合格的标准应该基于实际服务的需求。

超声波对奥氏体不锈钢的穿透能力低于碳钢与低合金钢。

1.2 不同类大锻件超声检测

1.2.1 汽轮机与发电机转子的超声波检测

本节主要参考 ASTM A293、ASTM A469 及 ASTM A470 标准，阐述了汽轮机与发电机转子超声波检测最基本的探伤过程，但不限制使用其他 UT 方法。

圆筒锻件——大锻件外径范围：63.6 ~ 2540mm。对于有内孔的锻件，壁厚要等于或大于 63.5mm。外径与实心锻件要求相同。对于外径小于 381mm 的实心锻件及小于 190.5mm 的空心圆筒铸件，其探头的振子应该与探测大断面的声电换能器的振子不同。

可以认为，在锻件中心线或内径表面的灵敏度是一个与锻件直径或内径无关的恒量，检测的多重性因子可根据实验验证进行理论分析并计算出来。有中心孔的锻件的多重性因子图见图 1 - 15。

多重性因子为锻件内径表面反射波满刻度的 10%，等价于直径为 3.175mm 的平底孔反射波。探伤频率 2.25MHz，材料声速为 5.85×10^5。实体转子的多重性因子图见图 1 - 16。

在图 1 - 16 中，多重性因子为锻件中心线表面反射波满刻度的 10%。等价于直径为 3.175mm 的平底孔反射波。探伤频率 2.25MHz，材料声速为 5.85×10^5。其他灵敏度的平均转换见图 1 - 17。

如改变参比反射的直径，由图 1 - 15 与图 1 - 16 结合可得到

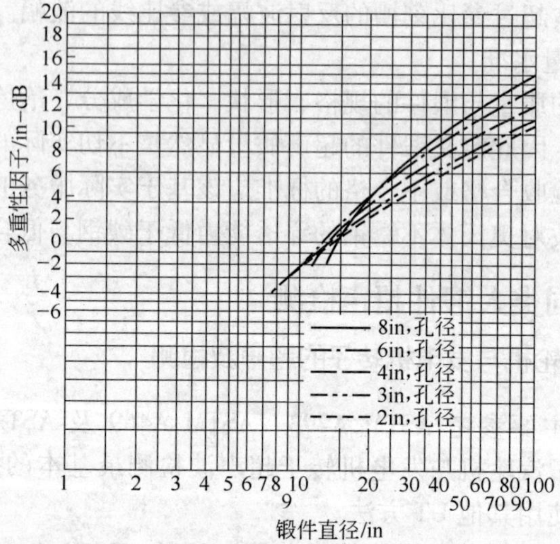

图1-15 中心孔锻件多重性因子图（1in=25.4mm）

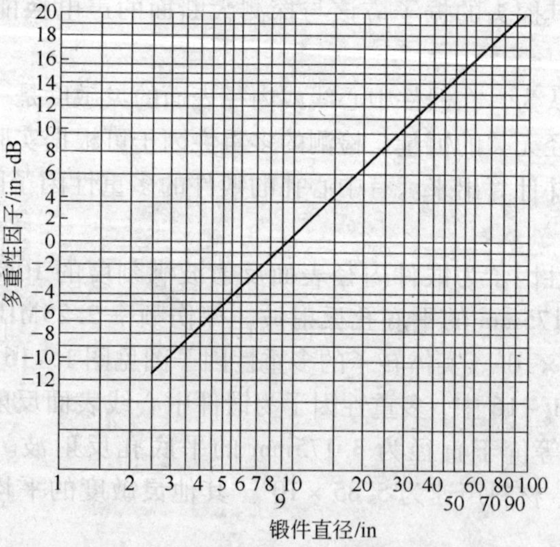

图1-16 实体转子的多重性因子图

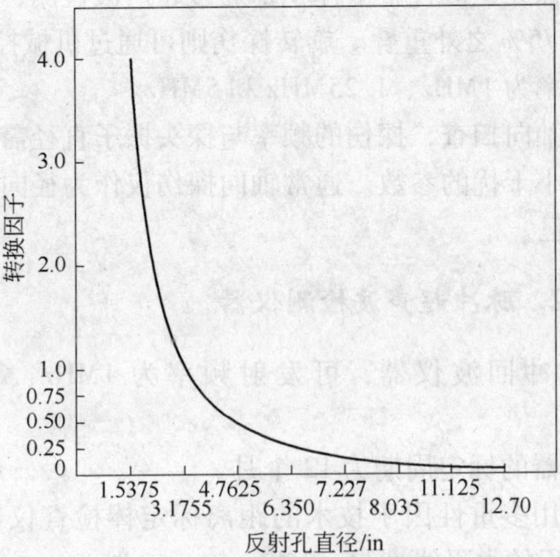

图 1-17　灵敏度的平均转换

转换因子。

1.2.1.1　探伤的基本要求

如果条件允许，应该对锻件进行整体超声波检测。由于在锻件台阶或某些部位圆角处的限制，锻件的某些部位可能无法探测到。

锻件的无损检测一定是在最终热处理之后。当锻件在热处理之前需要机加工处理时，应在机加工前对整个锻件进行全面探伤，并在热处理后再次进行全面探伤。

对于锻件整体探伤，入射的超声波应该遵守径向入射的原则。如果外表面为锥形，则探伤的表面需要机加工成台阶表面，以便使入射超声波垂直于纵向轴。这些探伤的台阶需在锻件图中标出。

锻件检测可以采用平放或转动两种方式进行，可采用机床或转动工具进行锻件的转动。检测的最大扫描速度为 15.24cm/s。

为了确保完全锻件整个体积都通过超声波检测，需要探头振子在宽度的75%之外重叠。旋转探伤则可通过机械控制。

探伤频率为1MHz、1.25MHz和5MHz。

若采用轴向扫查，探伤的频率与探头振子直径需选择锻件超声波检验最小干扰的参数。通常轴向探伤仅作为径向探伤的一个补充检测而已。

1.2.1.2 脉冲超声波检测仪器

（1）脉冲回波仪器，可发射频率为1MHz、2.25MHz和5MHz。

（2）仪器的标定周期为12个月。

（3）采用多重性因子技术的距离标定棒检查仪器的水平线性。金属声程的水平线性是±2%。

（4）如果转子有一个结合的平行面的细轴部分，则可通过超声波验证其细轴部分的线性灵敏性。若需要，可采用不同的超声波速进行次调解。

（5）放大器与阴极射线管具有±2%~100%的线性响应。

A 放大器的标定

在利用2.25MHz探头通过参比试块观察多重性声波图谱时，应该检查放大器的垂直线性。第一背底波为满刻度的100%。较高级别的反射波幅约为10%或更高。需记录其位置与振幅。第一个背底反射应该减少50%，其次是25%。较高级别的振幅应该记录下来。如果较高级别的信号高度减少与第一个背底反射相对应，则其垂直线性可以接受。其最大允许误差为较高级别反射降低显示平高度（满刻度）的±5%或±2%。

信号衰减控制的精度为±5%，允许误差调节28dB。

B 探头

对于径向探伤，纵波探头应该采用振子面积为6.35mm ×

25.4mm，频率为2.25MHz的声电转换器，可适用于大横截面直径为381mm或更大的实心锻件，或者空心锻件，其壁厚大于190.5mm的检测。对于换能器能圆周定向，可以使用大于6.35mm的振子，建议采用较低频率进行其他离轴方向的探测。

12.7mm直径，2.25MHz的振子适用于断面直径小于381mm的实心锻件及壁厚小于190.5mm的锻件的检测。对于该频率及其材料中的声速所给出的多重性因子适用于远场探伤（近场则依赖于其振子的频率与尺寸。对于其他频率与材料中的声速，其灵敏度的多重性因子需要计算得出）。

探头的标定应按ASTM E1065执行。

1.2.2 锻件的探伤条件

（1）需要机加工圆筒形锻件表面，以便径向探伤。

（2）锻件和轴延伸部分的端部应该与锻件的轴向垂直，以便轴向探伤。

（3）锻件表面粗糙度不超过6.35μm。表面若出现波纹，不应影响超声波探伤。

（4）探伤过程中，锻件表面不应有划痕、铁锈、加工残留物、颜料或其他残留物。

1.2.3 探伤过程

1.2.3.1 径向探伤

A 探头的选择

横截面直径小于381mm的实心圆筒形锻件，或壁厚小于190.5mm的空心锻件的探头选用：振子直径12.7mm，频率2.25MHz。

横截面直径等于或大于381mm的实心圆筒形锻件，或壁厚等于或大于190.5mm的空心锻件的探头选用：振子6.35mm×25.4mm，频率2.25MHz。

B 参比信号

对于实心锻件底面与空心锻件内孔表面的反射的参比信号，其底波信号的振幅应该为100%。

C 灵敏度

通过计算的多重性因子增加参比信号的100%的方法，得到所需的估计灵敏度。其步骤如下：

（1）按照空心锻件与实心锻件建立检查灵敏度。

（2）探测锻件中心线附近直径为3.175mm面积的反射波，其检测的灵敏度具有特别的意义。

（3）当使用一个较大的振子探测其外径变化超过51mm的较大截面的锻件，或采用一个较小探头检测一个外径变化超过25.4mm较小截面的锻件，必须调整检测的灵敏度。

调整扫描的长度控制到孔或背反射近似等于扫过阴极射线管四分之三的距离。

D 扫查不同直径的锻件

记录等于或大于屏幕峰值的10%的反射波。标定探头在锻件表面的位置。

当锻件旋转检测时，其允许的最大扫查速度可按下式计算：

$$每分钟最大旋转速度 = 915/\pi d$$

式中 d——锻件直径，cm。

探头可以通过机械固定或手动控制，若用户不确定其方法，生产商可以任选其中之一。

E 测量锻件回波的振幅及波形

如果晶体的直径为12.5mm的振子（换能器）能够满足锻件横截面的标定，那么对于小于152.4mm^{2}的表面范围，可以采用该振子进行详尽的考查，而不考虑在初始检查中是否使用该振子。当检验的面积超过 152.4mm^2 时，则需使用初始扫描的振子。回波的峰位与1/2峰位之间的区域，应该在径向、环绕等方向测量其回波曲面的范围。

F 补充试验

（1）特殊的径向超声检测。

采用一个其他频率的超声检测，或许能更精确地检测出每个反射波的缺陷的取向与位置，并且可估算每个大的反射缺陷的最小反射范围。

（2）轴向试验。

如需要轴向扫描锻件，应根据供需双方的协议确定其检测灵敏度。

G 记录

锻件生产厂的最终探伤报告须包含如下内容，并提交给用户。

（1）锻件的不同直径的截面均需探伤，锻件的图纸随检测报告一并提交。若锻件无缺陷，可不交图纸。

（2）可将记录缺陷按径向相对锻件图的中心线或中心孔、轴向相对于锻件的端部，绕中心点按钟表的1～12点的刻度标出系列号，以便探伤的数据可以再现检测。

（3）除非另有规定，供应商应该报道缺陷反射波在屏幕上的峰高百分率。其近场裂纹的尺寸 N(mm) 可以按下式计算出来：

$$N = \frac{D^2 - \lambda^2}{4\lambda}$$

式中，D 为振子晶体的有效直径，其他限制如下：

1）参比试块的孔径必须小于超声波束的波面。

2）参比试块的参照孔径与锻件的不连续缺陷的视在直径应该小于声波波长的二分之一。

3）锻件的内径必须大于长生波长。

4）锻件材质对超声波的衰减忽略不计。

记录的缺陷反射波，最小反射面积可以用下式表达（详见ASTM A418 -99—2003）：

$$A_F = A_R \times \left(\frac{a}{L}\right)^2 \times \frac{P}{10}$$

或（带内孔锻件）

$$A_F = A_R \times \left(\frac{a}{L}\right)^2 \times \frac{P}{10}\sqrt{\frac{b}{d}}$$

式中 A_F——不连续缺陷的最小反射面积，mm^2；

A_R——参比孔（7.917mm^2）的反射面积，mm^2；

a—— 不连续缺陷的长度，mm；

L——探测点到锻件中心线或中心孔的距离，mm；

P——不连续缺陷反射波振幅（显示屏中扫描峰的高度百分率）；

b——内孔直径；

d——锻件筒直径。

（4）内孔或背反射的扫查灵敏度的损失。

（5）耦合剂。

（6）探伤仪器的类型、手动或自动扫查，探伤频率及探头的类型。

（7）检查员的名字及检测资质、检测时间等。

H 附注

a 振幅

本章的多重性因子是采用球形波近似导出的，其理论的回波振幅（%）公式如下：

$$\frac{\text{小型圆盘反射}}{\text{大圆盘或圆柱反射}} = \frac{2dA}{a^2\lambda}$$

$$\frac{\text{小型圆盘反射}}{\text{圆柱孔反射}} = \frac{(d-b)A}{a^2\lambda}\sqrt{\frac{a}{b}}$$

式中 a——到底波反射的距离；
b——内孔直径；
d——底波反射的面积；
λ——探伤波的波长。

b 多重性因子

本章锻件的背反射或中心孔反射的波幅为显示屏的100%，多重性因子 M 在锻件中心线（或中心孔）反射面积（A）的理论波幅为10%。若多重性因子 M 乘以 A 将等于固体圆杆件背反射波幅或带有中心孔圆筒件的中心孔的背反射波幅的10%，即多重性因子 M（%）可由公式表达为：

圆柱锻件：

$$M=\left(\frac{10}{100}\right)\left(\frac{a^2\lambda}{2dA}\right)=\frac{d\lambda}{80A}$$

圆筒式锻件：

$$M=\frac{(d-b)\lambda}{40A}\sqrt{\frac{b}{d}}$$

c 最小等价反射面积

依据本章设定的探伤条件，其理论不连续最小等价反射面积可用参比孔与显示屏的回波反射高度百分率来表达。

圆柱式锻件：

$$A_F=\frac{2a^2A_{\mathrm{R}}P}{5d^2}$$

圆筒式锻件：

$$A_F=\frac{2a^2A_{\mathrm{R}}P}{5(d-b)^2}$$

1.2.4 真空处理锻钢——汽轮机转子与轴的探伤

1.2.4.1 真空处理钢的基本要求

真空处理钢应符合 ASTM A470—2003 标准的基本要求。测氢是真空脱气最基本要求。钢包脱气真空压力小于133Pa，要有足够的时间搅拌，供需双方需指定检验氢的方法。氢含量要低于合同规定值，也可采用用户认可的其他脱气方法。

1.2.4.2 热处理

如果条件许可，锻件应该进行立式热处理。除客户要求正火加回火之外，锻件可进行调质处理。当锻件热处理后，需进行机械粗加工，并需在高于566℃进行应力退火。当采用双重退火后，可省略初加工后的去应力热处理工序。

1.2.4.3 机加工

在应力退火处理之前，可在锻件上钻孔。锻件钻芯的检测，用户可能需要在锻件纵向的芯部取样进行物理测试。为了达到力学性能在热处理完成之后才能钻取其芯部试样。

1.2.4.4 锻件的化学成分

锻钢的冶炼成分见表1-10。

表1-10 锻钢的化学成分A

元素	等级 A	等级 B	等级 C	等级 D	等级 E
	Ni-Mo-V	Ni-Mo-V	Ni-Cr-Mo-V	Cr-Mo-V	Ni-Mo-V
钙	0.22~0.30	0.22~0.30	0.28	0.25~0.35	0.30
锰	0.20~0.60	0.20~0.60	0.20~0.60	1.00	0.70
磷	0.012	0.012	0.012	0.012	0.025
硫	0.012	0.012	0.015	0.015	0.025
硅	B	B	B、C	B	B
镍	3.20~3.70	3.20~3.70	3.25~4.00	0.75	2.00（min）
铬	0.75	0.75	1.25~2.00	1.05~1.50	0.75
钼D	0.40~0.60	0.40~0.60	0.25~0.60	1.00~1.50	0.25（min）
钒	0.04~0.12	0.04~0.12	0.05~0.15	0.20~0.30	0.03~0.12

续表 1-10

元素	等级 A	等级 B	等级 C	等级 D	等级 E
	Ni-Mo-V	Ni-Mo-V	Ni-Cr-Mo-V	Cr-Mo-V	Ni-Mo-V
锑	E	E	E	E	E
铝[F]	0.015	0.015	0.015	0.015	0.015

注：等价于 ASTM A293 的等级规定（现已被 ASTM A470 替代）。

A：除非另有规定，表中为最大值；B：最大值为 0.10，除非合同中另有规定，但不能超过 0.30；C：对于冶炼后在进行真空自耗重熔的钢，硅的含量控制范围：0.15%～0.30%；D：对于 A、B、C 与 E 级别的钢，钼的最小含量可为 0.40%；E：对所有级别的钢没有含量规定，但须报出其锑的含量；F：酸溶铝与非酸溶铝的总和。

真空处理钢的成品分析试样必须代表锻件的每一炉，可取自圆盘锻件或其他固体锻件（相对空心锻件而言）半径二分之一处或空心锻件的内、外表面的二分之一处。或者也可用锻件的力学性能试样代替。

1.2.4.5 磁性

若有要求，导磁系数检测可参照 ASTM A341 或 ASTM A773 完成。

1.2.4.6 超声检测要求

A 基本要求

（1）锻件不能有裂纹、焊缝、收缩、褶皱或划伤、折叠等缺陷；

（2）用户可以要求进行超声波检测、磁粉检测或低倍检测等。

B 超声波检测

超声波检测应符合 ASTM A418 的要求，并在取锻件附加的拉伸试验试样之前进行超声检测。

1.2.5 真空处理锻钢——发电机转子的探伤

1.2.5.1 真空处理钢的基本要求

符合 ASTM A469—94《Standard Specification for Vacuum - Treated Steel Forgings for Generator Rotors》标准的内容。

1.2.5.2 锻钢材料与制造

脱气处理强制采用 ASTM A788 标准。钢包脱气真空压力小于133Pa，要有足够的时间搅拌，供需双方需指定检验氢的方法。氢含量要低于合同规定值，也可采用用户认可的其他脱气方法。

1.2.5.3 热处理

锻件应该采取垂直位置热处理，以保证锻件力学性能指标合格。其热处理包括淬火与回火，除非用户事先许可，可采用正火加回火处理。当采用双回火替代单回火，则粗加工后的去应力退火过程可以省略。

热处理及随后的粗加工后，锻件应在温度高于566℃以上进行去应力退火处理。

1.2.5.4 机加工

用户可能要求在锻件的纵向掏中心孔取样进行物理检测。掏中心孔取样应在锻件的热处理之后进行。并且锻件钻孔应在去应力退火之前完成。

1.2.5.5 化学成分

化学成分取样须符合 ASTM A788—2004 标准，化学成分详见表1-11。

表 1-11 化学成分

元素	含量/%					
	等级 1	等级 2	等级 3	等级 4	等级 5	等级 6,7,8
C(最大值)	0.45	0.25	0.27	0.27	0.31	0.28
Mn(最大值)	0.90	0.60	0.60	0.70	0.70	0.60
P(最大值)	0.015	0.015	0.015	0.015	0.015	0.015
S(最大值)	0.015	0.015	0.015	0.015	0.015	0.015
Si①	0.15~0.35	0.15~0.30	0.15~0.30	0.15~0.30	0.15~0.30	0.15~0.30
Ni	—	2.50(min)	2.50(min)	3.00(min)	3.00(min)	3.25~4.00
Cr	—	0.50(max)	0.50(max)	0.50(max)	0.50(max)	1.25~2.00
Mo	—	0.20~0.50	0.20~0.50	0.20~0.60	0.20~0.70	0.30~0.60
V	0.03~0.12②	0.03(min)	0.03(min)	0.03(min)	0.05~0.15	0.05~0.15
Sb③	—	—	—	—	—	—

① 2~8 级真空脱氧钢 Si 含量最大值 0.10;

② 1 级钢 V 可添加量;

③ 6, 7, 8 级信息。

1.2.5.6 力学性能

锻钢拉伸试验应符合表 1-12 中的要求。

表 1-12 锻钢的力学性能要求

力学性能		等级							
		1	2	3	4	5	6	7	8
拉力, 强度 (最小值)	psi	75	80	90	100	110	100	110	120
	MPa	515	550	620	690	760	690	760	825
屈服强度 (最小值)	psi	35	55	70	80	90	80	90	100
	MPa	240	380	485	550	620	550	620	690
50mm 伸长率 (最小值)/%		20	20	20	17	15	18	17	16

续表 1－12

力学性能		等级							
		1	2	3	4	5	6	7	8
面缩（最小值）/%		30	50	50	45	40	55	50	45
脆性转变温度（最大值）	℉	175	100	100	120	175	0	20	40
	℃	80	38	38	40	80	－18	－7	4
室温冲击功（最小值）/J		13	41	41	34	20	81	68	54

1.2.5.7 超声检测

A 基本要求

锻件不应有裂纹、裂缝、折叠、褶皱或其他机械损伤等缺陷。

B 超声检测

超声检测应在机加工见光后进行。检测执行的标准为 ASTM A418，并应在钻取径向拉伸试样之前进行超声检测。

1.2.6 常规锻钢件的探伤

1.2.6.1 基本要求

本节依据 ASTM A668《Standard Specification for Steel Forgings, Carbon and Alloy, for General Industrial Use》标准，适用于一般工业用途的碳钢、合金钢的锻件，不包括压力容器、铁路用锻件、汽轮机、发电机、齿轮及对温度有特殊要求的锻件，也不包括热轧或冷轧棒材。

碳钢与合金钢的级别：

共有 6 个级别的碳钢与 7 个级别的合金钢用于生产锻件，其化学成分详见表 1－13。

表 1－13　化学成分

元　素	含量（最大）/%	
	A～F，AH～FH 等级	G～N，GH～NH 等级
Mn	1.35	—
P	0.050	0.040
S	0.050	0.040

其他等级成分见表 1－14。

表 1－14　化学成分（最大）　%

元素	等　级					
	X1	X2	X3	X4	X5	X6
C	0.30	0.45	0.40	0.45	0.45	0.40
Mn	0.90	0.90	0.85	1.10	0.90	0.90
P	0.04	0.04	0.025	0.025	0.025	0.015
S	0.04	0.04	0.025	0.025	0.025	0.015
Si	0.35	0.35	0.35	0.35	0.35	0.35
Ni	—	—	3.75	—	2.00	2.50
Cr	—	—	—	1.10	1.00	1.25
Mo	—	—	—	0.25	0.30	0.60
V	—	—	—	—	—	0.20

1.2.6.2　力学性能

A　实体锻件

锻造后未粗加工的圆形或有一定厚度的锻件可按其锻件的规格分级，而无需考虑其端部、辊环、法兰或轴颈等部位的影响。

B　圆环或空心圆柱锻件

按锻过或粗加工锻件的厚度或宽度分类。

C 力学性能检验次数

力学性能试验的次数可按下述条件执行：

（1）粗加工后重量小于2250kg所有级别的锻件，在其每一次退火或正火后，或每次正火或淬火后回火的每一炉锻件均需做一次力学性能检测；对于重量小于2250kg未处理锻件（A级），每一炉锻件都要做一次力学性能试验。

（2）对于所有级别的，重量超过2250kg的锻件，至少做一次检测。

（3）当锻件的重量超过3200kg，需做二次试验：圆环或圆盘锻件取样位置间隔180°。轴或空心圆筒，长度小于2.0m（不包括试料），取样位置在其端部，间隔180°。

（4）当用多炉钢水浇注多个锻坯时，热处理后的每一锻件的检验均按上述（1）~（3）条件执行。

对不同规格的锻件均有热处理及力学性能的要求，详见表1－15。

绝大多数锻件都有取样的延长段，各种锻件试样取样的部位详见图1－18。

1.2.6.3 超声检验

对于上述的一般工业用途的锻件，其超声波检测可根据ASTM A388要求执行。

1.2.7 筒式锻件内孔表面的超声探伤

1.2.7.1 基本要求

本节介绍筒式锻件内孔表面的人工超声探伤。其锻件内孔径至少大于63.5mm。除由于台阶倒角等限制因素的影响，最大可能进行内孔表面的全部探伤。

（1）锻件需经过机加工的奥氏体化与回火热处理后探伤，可在其随后的去应力热处理之前或以后进行。

表 1-15 拉伸强度要求

	等级	尺寸/in[mm]		抗拉强度（最小值）		屈服点，0.2%屈服强度（最小值）		50mm伸长率（最小值）/%	面缩（最小值）/%	布氏硬度
		大于	不大于	psi	MPa	psi	MPa			
碳钢	A(AH)（未经热处理）	—	20[500]	47000	325	—	—	—	—	183(max)
	B(BH)（退火、正火或正+回火）	—	20[500]	60000	415	30000	205	24	36	120~174
	C(CH)（退火、正火或正+回火）	—	12[300]	66000	455	33000	230	23	36	137~183
		12[300]	20[500]	66000	455	33000	230	22	34	137~183
	D(DH)（正火、退火或正+回火）		8[200]	75000	515	37500	260	24	40	149~207
		8[200]	12[300]	75000	515	37500	260	22	35	149~207
		12[300]	20[500]	75000	515	37500	260	20	32	149~207
		20[500]		75000	515	37500	260	19	30	149~207
	E(EH)（正火+回火或两次正+回火）	—	8[200]	85000	585	44000	305	25	40	174~217
		8[200]	12[300]	85000	570	43000	295	23	37	174~217
		12[300]	20[500]	85000	570	43000	295	22	35	174~217
	F(FH)（调质或正火+调质）	—	4[100]	90000	620	55000	380	20	39	187~235
		4[100]	7[175]	85000	585	50000	345	20	39	174~217
		7[175]	10[254]	85000	585	50000	345	19	37	174~217
		10[250]	20[500]	82000	565	48000	330	19	36	174~217
合金钢	G(GH)（退火、正火或正+回火）	—	12[300]	80000	550	50000	345	24	40	163~207
		12[300]	20[500]	80000	550	50000	345	22	38	163~207

续表 1－15

等级		尺寸/in[mm]		抗拉强度（最小值）		屈服点，0.2%屈服强度（最小值）		50mm伸长率（最小值）/%	面缩（最小值）/%	布氏硬度
		大于	不大于	psi	MPa	psi	MPa			
合金钢	H(HH)(正火＋回火)	—	7[175]	90000	620	60000	415	22	44	187～235
		7[175]	10[250]	90000	620	58000	400	21	42	187～235
		10[250]	20[500]	90000	620	58000	400	18	40	187～235
	J(JH)(正火＋回火或正火＋调质)	—	7[175]	95000	650	70000	485	20	50	197～255
		7[175]	10[250]	90000	620	65000	450	20	50	187～235
		10[250]	20[500]	90000	620	65000	450	18	48	207～255
	K(KH)(正火，淬火，回火)	—	7[178]	105000	725	80000	550	20	50	212～269
		7[175]	10[250]	100000	690	75000	515	19	50	187～235
		10[250]	20[500]	100000	690	75000	515	18	48	207～255
	L(LH)(正火，淬火，回火)	—	4[100]	125000	860	105000	725	16	50	255～321
		4[100]	7[175]	115000	795	95000	655	16	45	235～302
		7[175]	10[250]	110000	760	85000	585	16	45	223～293
		10[250]	20[500]	110000	760	85000	585	14	40	223～293
	M(MH)(正火，淬火，回火)	—	4[100]	145000	1000	120000	825	15	45	293～352
		4[100]	7[175]	140000	965	115000	790	14	40	285～341
		7[178]	10[254]	135000	930	110000	758	13	40	269～331
		10[250]	20[500]	135000	930	110000	758	12	38	269～341
	N(NH)(正火，淬火，回火)	—	4[100]	170000	1175	140000	965	13	40	331～401
		4[100]	7[175]	165000	1140	135000	930	12	35	331～401
		7[175]	10[250]	160000	1100	130000	900	11	35	321～388
		10[250]	20[500]	160000	1100	130000	900	11	35	321～402

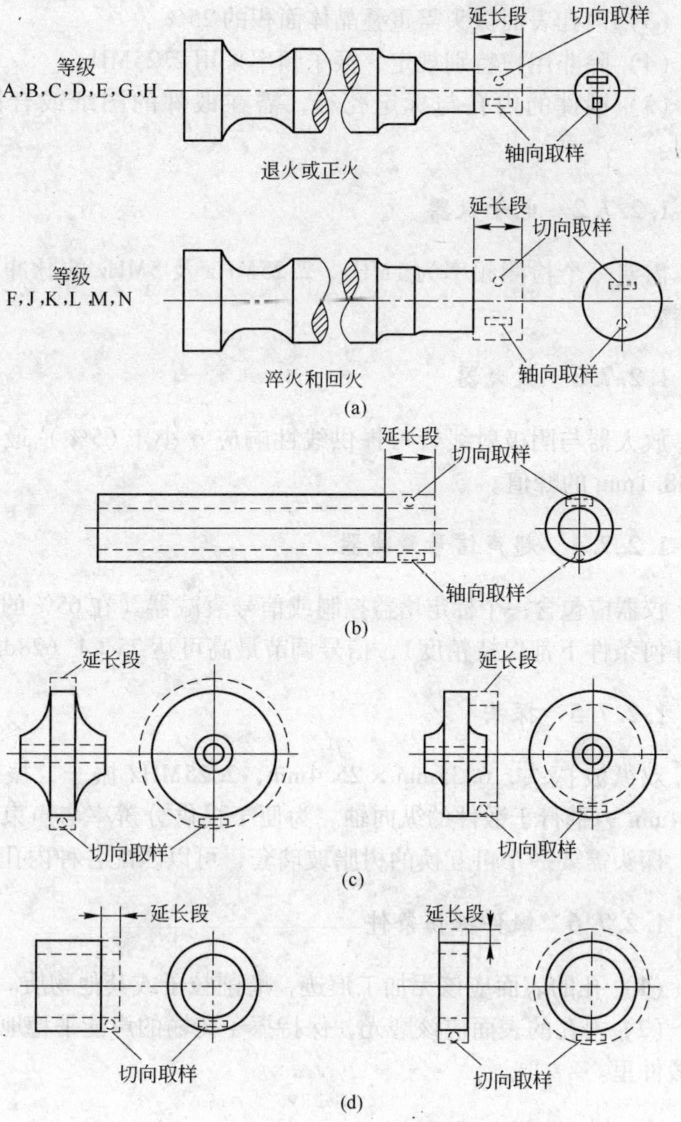

图1-18　各种类型锻件的试样位置

(a) 轴和转子；(b) 空心锻件；(c) 圆盘锻件；(d) 环形锻件

（2）全扫描的超声束应该是放射状。

（3）内孔表面探头需重叠晶体面积的25%。

（4）除非用户特别规定，振子频率采用2.25MHz。

（5）锻件的内孔与标定孔径，需在锻件的图纸或合同中注明。

1.2.7.2 电子仪器

需要一个检测频率为1MHz、2.25MHz及5MHz的脉冲回波仪器。

1.2.7.3 放大器

放大器与阴极射线管可提供线性响应（小于65%）最高可达38.1mm的峰值。

1.2.7.4 超声信号衰减器

仪器应包含一个标定增益控制或信号衰减器（在65%的区域内任何条件下都保持精度），信号调节最高可达25：1（28dB）。

1.2.7.5 探头

双纵波探头，6.35mm×25.4mm，2.25MHz振子，振子的25.4mm边平行于锻件的纵向轴。为便于提供分辨率与声束的宽度，探头需要一个可互换的树脂玻璃套，可以匹配各种内孔。

1.2.7.6 锻件探伤条件

（1）孔的表面应该无加工痕迹，磨削粒子或其他物质。

（2）内孔的表面应该磨光，保持振子传输的声能平稳地传输到锻件里。

1.2.7.7 探伤步骤

（1）通过整体扫查，利用参比孔，其参比试样的孔径由用户设定，转头与孔的表面平行。建立检查的反射幅度等于显示屏的100%。

（2）检查距离的线性标定。

（3）仅用一个振子与脉冲延迟相连接，标识来自内控表面的树脂玻璃套的曲面的反射信号。

（4）记录内孔表面到标定孔一侧的距离。

（5）调整扫描长度，控制背反射波约等于阴极射线管屏幕的四分之三。

（6）记录轴向与环绕的所有超声波显示记录，以参比孔的灵敏度为基本的百分率。

（7）将探头用有刻度的结构件固定。

（8）记录探伤缺陷的径向与轴向距离。

1.2.7.8 探伤报告

探伤报告包含如下内容：

（1）所有缺陷波的百分率。

（2）缺陷的轴向位置。

（3）缺陷的径向或环绕的位置。

（4）回波缺陷5%的面积。

（5）所有损失20%以上的回波。

1.2.8 可锻合金钢轧辊的探伤

本节介绍冷或热轧制平板铁质或非铁质轧材轧辊的探伤。依据 ASTM A427—2002《Standard Specification for Wrought Alloy Steel Rolls for Cold and Hot Reduction》标准。

1.2.8.1 钢材

需要电炉、真空冶炼或电渣冶炼钢。

1.2.8.2 锻件的生产

热加工、锤锻，当锻钢的横截面直径小于152mm时，可选用轧制的棒材做母料。

对于每一个钢锭需要切头切尾，去除钢锭缩孔及过度偏析的影响。

1.2.8.3 硬度

当化学成分合格，经热处理后轧辊的表面硬度是一个非常重要的理化指标。检验 5 点肖氏硬度，或测定 100 倍下的维氏硬度。

每一轧辊的表面硬度都应在控制的合格范围内。肖氏硬度（HFRSc 或 HFRSD）、洛氏硬度、维氏硬度或里氏硬度（符合 ASTM A956）均可表述。其肖氏硬度与维氏硬度的对应关系详见表 1－16。

表 1－16 锻钢轧辊表面肖氏硬度与维氏硬度对比表

表面肖氏硬度	维氏硬度	表面肖氏硬度	维氏硬度
65	420	86	685
66	432	87	698
67	445	88	710
68	457	89	723
69	470	90	735
70	482	91	748
71	495	92	761
72	508	93	774
73	520	94	787
74	533	95	800
75	545	96	812
76	558	97	825
77	571	98	837
78	584	99	850
79	597	100	862
80	610	101	875
81	622	102	888
82	635	103	900
83	647	104	913
84	660	105	926
85	672		

1.2.9 钢板与复合钢板的超声波直探头探伤

本节阐述了直探头，脉冲回波对厚度大于10mm以上的轧板与复合钢板的超声探伤过程及验收标准。本节的方法可探测平行于轧板表面的内部不连续缺陷，并提供了三个验收标准。

1.2.9.1 仪器

A 波幅的线性

探头通过IIW（国际焊接协会）的缺口深度标块或相似标块检查不同部位的回波振幅线性。来自缺口的信号近似于显示屏高度的30%。背反射回波的高度约为显示屏高度的60%（两倍于缺口的高度)。按照刻槽缺口的信号与背反射的信号比率2：1绘制一条曲线，缺口信号逐渐增加至背反射信号达到满刻度为止。随后降低增量，直至缺口信号达到一个刻度。测定的两信号的比率的每一个增量，曲线图上相对应较大信号的位置会出现该比率，出现在显示屏高度的20%与80%之间，在10%之间其比率2：1。仪器设定不允许超出10%的变动。

B 振子的直径

振子的直径应该是25mm或30mm。

1.2.9.2 探伤步骤

（1）探伤的区域不得有干扰超声检测的因素，除非另有规定，无损检测面为板的主要面。

（2）板的检验面要充分清洁与平整，在扫查过程中底超声回波至少达到显示屏高度的50%。钢板需除锈，粗糙表面需磨光。

（3）钢板的表面质量：探伤之前，钢板的表面粗糙度要小于3μm（详见ANSI B46.1）。

1.2.9.3 探伤方式

探伤方式为直接接触锻件；或侵入式；或液体柱耦合。使用适当的耦合剂如水、可溶性油或甘油。本实验可能导致钢板表面有油污或铁锈等污垢。

1.2.9.4 探伤频率

通常采用探伤频率为2.25MHz。当钢板厚小于20mm时，可采用5MHz。钢板的厚度、晶粒大小或微观组织、仪器的状态或采用的方法都决定着使用频率的高低。采用一个额定频率的振子进行扫查，可以产生一个清晰、容易解释的声波图。

1.2.9.5 扫查

(1) 沿着连续平行的路径进行扫查。横向相对于钢板的轴向中心100mm；或连续平行线平行于主板轴75mm或较小的中心区域。沿着一个附加的路径（50mm）测量从钢板中心到钢板角部区域。

(2) 调整仪器，使其相对探头面的背反射波从50%~90%。按照表面的粗糙状态调整仪器灵敏度。

(3) 当扫描产生的背反射波达到75% ±5%，则保持仪器设定，以便评估钢板的不连续状态。

1.2.9.6 记录

(1) 记录所有由于不连续缺陷产生的背反射波完全损失的信号。

(2) 对于不小于20mm的钢板，记录所有初始回波幅度等于或大于50%的信号，其伴随着相应50%的损失。

注：当在初始脉冲与第一个反射波之间产生一个回波信号时，则可能在第一个背反射位置产生第二个反射。当这种情况发生时，则可采用多个背反射的信息。

（3）当进行网格扫描时，沿着格线扫描临近缺陷波的整个表面区域。按照平行的路径扫查 225mm × 225mm 面积。可采用如下两种方法：移动振子离开不连续缺陷的中心部位，直至背反射的峰高与不连续缺陷波的高度相等。标识钢板一个点相对探头的中心。重复操作确定其缺陷的边界。

1.2.9.7　验收标准

A　验收 A 级

当在一个直径为 75mm 范围内，任何部位产生一个或多个不连续缺陷导致的背反射波连续损失，不能被连续的回波所包围，或者被钢板二分之一范围的连续反射所包围，则认为不合格。

B　验收 B 级

在 75mm 或板厚度的二分之一范围，出现一个或多个不连续缺陷导致背反射波连续总损失不能被包围，则认为不合格。

此外，当有两个或两个以上的不连续缺陷，但小于上面所述的缺陷，且其缺陷之间的距离小于最大不连续直径区域，或者可被上述圆形区域所包含时，可认为合格，否则为不合格。

C　验收 C 级

在 25mm 直径范围，若出现一个或多个不连续缺陷导致背反射波连续总损失不能被包围，则认为不合格。

复合钢板的探伤按照本章的探伤规定进行无损检测，通常采用 B 级验收标准。若用户有要求，也可采用验收 A 级或 C 级。当复合层与钢的基体的界面产生的背反射波完全损失，则可理解为复合层完全没有与钢基体复合在一起。除非另有规定，未复合界面的指示长度若不能包裹于 75mm 直径的范围内，将需要焊补处理。

其他补充规定详见 ASTM A263、ASTM A264 及 ASTM A265。

1.2.9.8 平板底孔标定

采用平板底孔标定测量厚度等于或大于100mm钢板的超声探伤误码采用如下的标定和记录：

（1）调整仪器，使其相对探头面的背反射波从50%～90%。按照表面的粗糙状态微调仪器灵敏度。

（2）当扫描产生的背反射波达到75%±5%时，则保持仪器设定，以便评估钢板的不连续状态。

（3）参照反射：

深度为*T*/4、*T*/2、3*T*/4的平底孔的参比试块可用于标定仪器。其平底孔径大小详见表1－17。

表1－17 板厚与孔径对照表

板厚/mm	100～150	150～225	225～300	300～500
孔径/mm	16	19	22	29

如果不影响钢板的使用，可在钢板的延长部分上钻孔并检测，或者在与钢板相同材质与组织的参比试块上检测底孔的反射。

参比试块的表面质量与检测的板的状态相似。参比试块的厚度为检测板厚度的75%～125%或者为25mm。

当探伤仪器无变化时，参比试块与检测板的背反射波差别等于或小于25%。

设定：在*T*/4、*T*/2和3*T*/4处的反射的最大波幅为75%±5%。

1.2.10 真空处理与调质处理碳钢与合金钢压力容器锻件的探伤

本章内容依据ASTM A508《Standard Specification for Quenched and Tempered vacuum－Treated Carbon and Alloy Steel Forgings for Pressure Vessels》，包括经调质处理的碳钢和合金钢压力容器锻件的要求，尤其适用于船容器、外壳、法兰、管板、圆环、圆头

或相似部件。

1.2.10.1 冶炼

冶炼方式为碱式电炉炼钢，真空处理符合 ASTM A788 要求。22 等级中的4，5，6 钢具有细的晶粒，其奥氏体晶粒度在5级或更高级别。

冶炼成分：冶炼的化学成分按照表 1－18 要求。

对于牌号 4N 和 5 的钢，其成分有下列要求：磷与硫的冶炼含量不能超过 0.015%；成品含量不能超过 0.018%。

对于牌号为5的锻件：

钒含量：0.05%～0.15%。

对于牌号为2，3 或4N 钢锻件的化学成分限制：

冶炼 $w(P) \leqslant 0.012\%$；成品 $w(P) \leqslant 0.015\%$；冶炼与成品 $w(Cu) \leqslant 0.10\%$；

或者 $w(P) \leqslant 0.015\%$；成品 $w(P) \leqslant 0.018\%$；冶炼与成品 $w(Cu) \leqslant 0.15\%$；

牌号2，3，4N 的锻件：

冶金 $w(S) \leqslant 0.015\%$，成品 $w(S) \leqslant 0.018\%$

为消除缩孔与过度偏析，钢锭需要去掉部分锭头与锭尾。

1.2.10.2 热处理

(1)（预处理）第一热处理：锻造之后，重新加热之前。锻件应该冷却，以便产生随后的完全的奥氏体转变。采用锻件的预处理可以提高锻件的力学性能，并提高随后热处理的功效。此外，初次热处理也可改进锻件的机加工性能并可提高随后的热处理功效。

(2) 第二热处理（力学性能热处理）。锻件将升温至奥氏体区域，随后选取适当的介质进行喷雾或浸入其中淬火。

对于材质为4N 牌号，等级1与3的锻件，其奥氏体温度为840～895℃，淬火后回火至亚临界温度下并保温。最小保温时间

表 1－18 锻件的冶炼成分要求

元素	组成/%									
	等级 1	等级 1A	等级 2	等级 3	等级 4N	等级 5	等级 22	等级 3V	等级 3VCb	等级 6
C	0.35(max)	0.30(max)	0.27(max)	0.25(max)	0.23(max)	0.23(max)	0.11～0.15	0.10～0.15	0.10～0.15	0.28～0.33
Mn	0.40～1.05	0.70～1.35	0.50～1.00	1.20～1.50	0.20～0.40	0.20～0.40	0.30～0.60	0.30～0.60	0.30～0.60	0.75～1.15
P	0.025(max)	0.025(max)	0.025(max)	0.025(max)	0.020(max)	0.020(max)	0.015(max)	0.020(max)	0.020(max)	0.025(max)
S	0.025(max)	0.025(max)	0.025(max)	0.025(max)	0.020(max)	0.020(max)	0.015(max)	0.020(max)	0.010(max)	0.025(max)
Si	0.40(max)	0.40(max)	0.40(max)	0.40(max)	0.40(max)	0.30(max)	0.35(max)	0.35(max)	0.10(max)	0.15～0.35
Ni	0.40(max)	0.40(max)	0.50～1.00	0.40～1.00	2.8～3.9	2.8～3.9	0.25(max)	—	0.25(max)	0.75～0.95
Cr	0.25(max)	0.25(max)	0.25～0.45	0.25(max)	1.50～2.00	1.50～2.00	2.00～2.50	2.8～3.3	2.7～3.3	0.70～1.00
Mo	0.10(max)	0.10(max)	0.55～0.70	0.45～0.60	0.40～0.60	0.40～0.60	0.90～1.10	0.90～1.10	0.90～1.10	0.30～0.45
V	0.05(max)	0.05(max)	0.05(max)	0.05(max)	0.03(max)	0.08(max)	0.02(max)	0.20～0.30	0.20～0.30	0.05(max)
Nb	—	—	—	—	—	—	—	—	0.015～0.07	0.01(max)
Cu	—	—	—	—	—	—	—	—	0.25(max)	—
Ca	—	—	—	—	—	—	—	—	0.0005～0.015	—
B	—	—	—	—	—	—	—	0.001～0.003	—	—
Ti	—	—	—	—	—	—	—	0.015～0.035	0.015(max)	—
Al	—	—	—	—	—	—	0.25(max)	—	—	0.05(max)

以锻件最大横截面30min/in累计（1in=25.4mm）。

除对于牌号2与3，最低回火温度规定见表1-19。

表1-19 最低回火温度规定

牌号1，1A，牌号2等级2，牌号3等级3	1150℉［620℃］
牌号2等级1，牌号3等级1	1200℉［650℃］
牌号4N等级1，2；牌号5等级1，2	1100℉［595℃］
牌号4N等级3	1125℉［605℃］
牌号3V和3VCb	1250℉［675℃］
牌号22等级3	1200℉［650℃］
牌号22等级4，5，6，7	1100℉［593℃］

若用户有要求，应规定冷却温度。

对于1，1A，2，2A，3或3A，锻件可能进行多阶段奥氏体化过程，如首先完全奥氏体化并水淬，随后重新加热至亚临界区部分奥氏体化，并再次水淬。在一个完整的奥氏体淬火周期，其锻件应经过亚临界温度回火处理。

1.2.10.3 锻件的力学性能

锻钢的拉伸试验应符合ASTM A508标准，详见表1-20。

表1-20 锻钢力学性能

力学性能	牌号1	牌号2等级1和3	牌号2等级2和3	牌号4N等级1和5	牌号4N等级2和5	牌号4N等级3	牌号22等级3	牌号3V和3VCb
拉力值/MPa	70~95	80~105	90~115	105~130	115~140	90~115	85~110	85~110
屈服强度/MPa	36	50	65	85	100	70	55	60
伸长率/%	20	18	16	18	16	20	18	18
面缩/%	38	38	35	45	45	48	45	45
力学性能	牌号6等级1	牌号6等级2	牌号6等级3	牌号6等级4	牌号22等级4	牌号22等级5	牌号22等级6	牌号22等级7
拉力值/MPa	85~110	95~120	100~125	105~130	85~110	95~120	100~125	105~130

续表 1-20

力学性能	牌号6 等级1	牌号6 等级2	牌号6 等级3	牌号6 等级4	牌号22 等级4	牌号22 等级5	牌号22 等级6	牌号22 等级7
屈服强度/MPa	60	75	80	85	60	75	80	85
伸长率/%	20	18	18	18	20	18	18	18
面缩/%	35	35	35	35	35	35	35	35

对于单个锻件或多向锻件，其取样数目及位置规定拉伸试验取样位置分以下几种情况：

（1）粗加工后，未调质多向锻件重量低于455kg，按图纸要求取样。

（2）锻件粗加工后的重量小于4540kg，锻件长度小于2032mm（不包括试验延长段），在试验延长段取一个拉伸试样。

（3）锻件粗加工后重量超过4520kg，热处理锻件长度2032mm（不包括试验延长段），试验延长段应该在锻件的一端。两个拉伸试样应该相隔180°。

（4）锻件粗加工后重量超过4540kg，并且热处理段超过2032mm。试验延长段在锻件的两端，同一延伸段的两个拉伸试样应彼此相隔180°，并与另一端的两个试样彼此相隔90°。

（5）锻件调质后，才允许取力学性能的试样。如果需要，取下的试料还需进行亚临界温度下的单一或多重焊接后热处理或其他热处理，以便模拟取样后锻件的进一步加工的过程。

（6）对于圆盘锻件，试样的纵向应与其相应的切线方向相同。对于所有其他部件，锻件的纵向应与锻件的主工作面相同。

（7）拉伸试样的位置确定，其纵轴与二分之一长度需由下述方法确定：

① 方法Ⅰ（t by $2t$）。

t 为主载荷到淬火表面的距离，应在20~40mm之间。

② 方法Ⅱ（1/4T by T）。

T 为锻件热处理最大厚度。本方法对已处理的锻件厚度有如下基本要求：

牌号 1，1A	75mm（max）
牌号 2 等级 2；牌号 3 等级 2	150mm（max）
牌号 2 等级 1；牌号 3 等级 1	205mm（max）
牌号 4N 等级 2；牌号 5 等级 2	405mm（max）
牌号 4N 等级 1；牌号 5 等级 1	760mm（max）
牌号 4N 等级 3	1015mm（max）
牌号 3V 和 3VCb	510mm（max）
牌号 22 等级 3	510mm（max）
牌号 22 等级 4，5，6，7	305mm（max）

③ 方法Ⅲ。

相同炉号，形同锻件，相同热处理制度；以及相同压缩比与热加工工艺处理，如淬火等生产出的相同厚度的锻件。

分离锻件的试料应该与锻件在同一炉热处理。取样部位在试料厚度的 1/2 处。厚度不能接近锻件最大横截面的厚度 T。

本方法不适用于粗加工后重量超过 455kg 的锻件。

④ 方法Ⅳ。

横截面为 T 的热加工圆环；或者长度为 3T 的切片在力学性能热处理之前焊接到锻件端部。缓冲材料可以采用任何碳钢或低碳钢，将试料焊接到锻件上。

拉伸试样标准规格为直径 12.5mm，长度 50mm。依据标准 ASTM A370。

1.2.10.4 UT 检查

探伤检查的锻件不应有裂纹、热裂或其他类型缺陷。探伤依据 ASTM A388《Standard Practice for Ultrasonic Examination of Heavy Steel Forgings》。

1.2.11 黑皮锻件超声波探伤检验规程

本规定适用于黑皮锻件内部缩孔、白点、裂纹、夹渣等缺陷的超声波探伤。采用手动单晶片直探头接触法探伤。

1.2.11.1 探伤条件要求

(1) 仪器必须经过技术部门检定合格方可使用。

(2) 探头：ϕ24mm、2MHz 软膜直探头。

(3) 耦合剂：机油或黄甘油。

(4) 被检件应加工成简单几何体后探伤。

(5) 对锻件表面氧化铁皮清理后，如探伤灵敏度达到要求可进行探伤；如探伤灵敏度达不到要求，则要用砂轮打母线，具体要求如下：

1) 沿锻件长度方向打两条母线。

2) 母线宽度 100mm。

3) 两条母线角度相差 90°。

1.2.11.2 探伤检验程序

探伤检验人员必须严格执行相关无损探伤检测岗位安全操作规程及各项有关规章制度。

探伤前准备：

(1) 准备好尺、笔、记录本等探伤用品。

(2) 根据生产车间下达的委托单核对探伤料。

(3) 在母线处根据工件厚度调整探伤灵敏度。调整灵敏度公式如下：

$$\text{底波} - \text{伤波} = 20\lg\left(\frac{2\lambda X_f}{\pi D_f X_B}\right)$$

式中 λ——探头的波长；

X_f——伤到探头的距离；

D_f——平底孔伤的直径；

X_B——探头到工件底部的距离。

由上述公式做出的探头频率、工件厚度对灵敏度对照见表1－21。

表1－21　直探头定钢中灵敏度

频率/MHz	距离/mm														
	100	150	200	250	300	350	400	450	500	550	600	700	800	900	1000
1.25	37	41	43	45	47	48	50	50.5	51.4	52	53	54	55	56	57
2	33.6	37	39.6	41.5	43	44.5	45.6	46.5	47.5	48.9	49.1	50.5	51.6	52.6	53.6
2.5	31.5	35	37	39.6	41	42	43.5	44.5	45.5	46	47	48	49	50	51
5	25.5	29.3	31	33.6	35	36	37.5	38.5	39.5	40	41	42	43	44	45
*f*加倍减6dB；大平底孔与ϕ_2平底孔灵敏度公式$KB/\phi_2=20\lg\lambda s/2\pi$															

（4）在两条母线处，探头以不大于150mm/s的速度进行扫查，同时注意观察探伤仪荧光屏上的回波变化情况。

（5）若发现缺陷波，根据$\varphi F=\Phi 2\times(X_F/X_B)\times 10\Delta dB/40$计算缺陷当量或查表1－22查出缺陷大小，记录好缺陷位置、当量，必要时画出缺陷波形。

表1－22　直探头定钢缺陷当量

8			52	48	45	42	40	38	36	34	33	32	30	29	28	27	26	25
7			50	46	43	41	39	37	35	33	32	31	29	28	27	26	25	24
6		52	47	43	40	38	36	34	32	30	29	28	26	25	24	23	22	20
5	56	49	44	40	37	34	32	30	28	26	25	24	22	21	20	19	18	17
4	52	45	40	36	33	30	28	26	24	22	21	20	18	17	16	15	14	13
3.5	50	43	38	34	31	28	26	24	22	20	19	18	17	15	14	13	12	11
3	47	40	35	31	28	25	23	21	19	17	16	15	14	12	11	10	9	8
2.5	44	37	32	28	25	22	20	18	16	14	13	12	10	9	8	7	6	5
2	40	33	28	24	21	18	16	14	12	10	9	8	6	5	4	3	2	1
缺陷当量（φ）	1	1.5	2	2.5	3	3.5	4	4.5	5	5.5	6	6.6	7	7.5	8	8.5	9	9.5
	荧光屏刻度																	

注：1. 孔径加倍加12dB；

2. 缺陷当量公式为$KdB=40\lg\varphi 2S_1/\varphi\times S_2$。

（6）按标准或合同要求对探伤结果评价。

（7）需要取样时，下发探伤取样报告单。

（8）填写原始记录和报告单。

（9）清理仪器和探头线对仪器及时充电为下次探伤做好准备。

1.2.12　钢的低倍组织及缺陷超声波检验法

GB/T 7736—2001 标准适用于方形、矩形、圆形等简单截面的轧制、锻造钢材（坯）低倍组织及缺陷的超声波检验，也适用于其他钢制备件、坯料的缺陷检验。

利用纵波或横波沿钢材（坯）的表面进行超声波检验，可采用接触法或液浸法，应选用耦合效果良好且对人体及钢材表面无害的耦合介质。其依据为：

（1）小信号叠加：超声波探伤法是一定体积范围内缺陷状况的显示，虽然单个缺陷的尺寸小于规定的判伤界限，但邻近诸多小缺陷群体信号的叠加则使缺陷群体的检测成为可能。

（2）组织反射：低倍组织中由于化学成分偏析及组织不均匀性所产生的声阻抗变化在超声波检测中仍能获得足够大的回波信号，这种由低倍组织引起的超声波反射现象称为组织反射。

（3）缺陷当量：采用短横孔人工缺陷和平底孔人工缺陷的当量标定或用大平底当量计算法。

1.2.12.1　接触法

采用单直探头对工件进行远场扫描，采用联合双探头对工件进行近场扫描，应保证整个工件扫描覆盖良好。建议被检验钢材（坯）直径或边长不大于 20mm 时，选用双晶联合探头。当被检验钢材（坯）直径或边长大于 20mm 且不大于 80mm 时，选用单直探头或双晶联合探头扫描。当被检验钢材（坯）直径或边长大于 80mm 时，选用单直探头和双晶联合探头联合扫描。

检验设备可按水浸法和接触法区分，主要由超声波探伤仪、探头、对比试样、机械传动装置和水槽等辅助装置组成。

探伤仪采用脉冲反射式仪器，探头采用直探头或双晶联合探头，其电功能和组合功能及测试方法应符合 JB/T 10061，JB/T 10062 有关条款的规定。探头的选取可根据产品规格及要求选用不同频率和规格的直探头或双晶联合探头。

1.2.12.2 水浸法

根据产品规格选取水浸探头或聚焦探头。

采用液浸法纵波检验时，液层深度应不小于被检料直径或边长的1/4，探头声束轴线应与被检料中心重合，以检测被检料内部缺陷为主。

采用液浸法横波探伤时，探头偏心量 X 的选取以产生横波或表面波为原则，以探测被检料近表面区的缺陷。

1.2.12.3 对比试样

A 材料

对比试样应选取与被检验钢材（坯）衰减系数相近的试样，制作对比试样的材料应事先进行高灵敏度超声波检测，不得出现影响使用的杂波。

（1）表面状态：采用光面对比试样，其表面粗糙度 Ra 不大于1.6μm。

（2）人工缺陷形状及规格：人工缺陷采用平底孔或短横孔。

B 平底孔试块

平底孔试块可按需要选取采用 JB/T 10061—1999 标准中 DD－PZ20－2、DD－PZ20－4 等标准试块。使用时可根据需要自行选取。

1.2.12.4 检验设备

检验设备可按水浸法和接触法区分，主要由超声波探伤仪、探头、对比试样、机械传动装置和水槽等辅助装置组成。其综合灵敏度应能可靠检验出本标准规定的人工缺陷。

探伤仪，采用脉冲反射式仪器，探头采用直探头或双晶联合探头，其电功能、组合功能及测试方法应符合 JB/T 10061、JB/T 10062 有关条款的规定。探头的选取可根据产品规格及要求选用不同频率和规格的直探头或双晶联合探头。水浸法则可根据产品规格选取水浸探头或聚焦探头。

1.2.12.5 设备调试

(1) 探伤设备在每次重新使用或更换检验规格时，均需用规定的对比试样进行静态和动态调试。

(2) 静态调试主要是调人工缺陷波幅度、报警闸门位置及幅度。在设定报警灵敏度时，应按判伤最低幅度调试。如用当量计算法，先调整好仪器的起始灵敏度，即在被检试料的完好部位将第一次底面回波高度调整到满刻度的 50% ~80%，作为评定回波信号的基准，然后，根据被检试料的要求，按下式计算所需要提高的增益数值，以达到规定灵敏度的调试要求，再投入使用。

$$\Delta = 20\lg \frac{2\lambda X_S^2}{\pi D_S^2 X_B}$$

$$D_S = \sqrt{2\lambda X_S^2 / \pi X_B \times 10^{\Delta/20}}$$

式中 Δ——底波分贝值减去平底孔缺陷波分贝值，dB；

D_S——平底孔缺陷当量直径，mm；

X_S——平底孔缺陷到波源的距离，mm；

X_B——被检材料厚度，mm。

动态调试主要是调整合适的扫描速度，保证人工判伤界限有良好的重现性。接触法的手工操作扫描速度通常不大于 3m/min。

1.2.12.6 检验条件和步骤

A 检验条件

所检钢材（坯）试料，特别是热加工或热处理试样，应先用砂轮或其他方法去除影响超声波正常入射的氧化皮，满足探伤要求。

(1) 因被检材料表面曲率和表面氧化皮等原因造成的衰减，其分贝值可进行适当补偿。

(2) 探头频率的选择，主要根据产品的种类、状态和规格选择。规格较小的选用 5.0MHz 的探头，规格较大的选用 2.5MHz 的探头，粗晶材料可选用较小频率探头。

(3) 为使低倍预检不漏检，应使扫描区域的宽度大于产品完整的横截面，覆盖率大于20%。

B 检验步骤

(1) 探伤设备完成静、动态调试后即可进行检验。

(2) 设备在连续使用中，每隔一定时间，或发现异常情况时，应用对比试样校准设备。如不符合规定时，应对设备进行重新调试，对上一次校验后的被检试料重新检验。

C 结果评定

超声波低倍预检应尽可能与 GB/T 1979 中所列缺陷相对应，可根据钢种、热处理状态、正确判定缺陷当量、位置、面积、状态等判伤可用标准试块对比，也可用一组距离－幅度绘成的曲线板，或用大平底当量计算法。缺陷判定可参考表 1－23。

表 1－23 缺陷判定

直径或边长/mm	分类		
	单个缺陷	密集缺陷	底波损失/%
≤20	ϕ1.0mm 平底孔	ϕ0.8mm 平底孔	50
>20～80	ϕ2.0mm 平底孔	ϕ1.7mm 平底孔	50
>80	ϕ2.7mm 平底孔	ϕ3.2mm 平底孔	50

经超声波检验，凡缺陷波低于表 1－23 判伤界限，该炉批应

判为超声波检验低倍合格，无需做酸蚀试验，试验报告按“低倍合格”报出。

经超声检验，凡缺陷波等于或高于表1－23判伤界限，应按GB/T 226做酸蚀试验，试验报告按酸蚀结果报出。

1.2.13 奥氏体钢锻件的超声探伤

本节介绍接触法采用直角或斜探头测定奥氏体钢锻件的美国材料协会标准，即ASTM A745《Standard Practice for Ultrasonic Examination of Austenitic Steel Forgings》。

1.2.13.1 仪器

电子脉冲回波，频率为0.5～5MHz；线性（信号高度的±5%）信号至少为荧屏高度（扫描线至屏顶端）的75%。

仪器增益控制范围：±10%。

1.2.13.2 探头

可采用石英或其他压电材料作为振子。

直探头最大面积970mm²，边长最小为13mm，最大为30mm，或者也可采用最小直径为20mm的直探头。

斜探头，晶体面积325～650mm²，斜角30°～70°。

1.2.13.3 耦合剂

适宜的耦合剂应该具有振子与探伤面较佳的润湿性。检测参比试样与锻件应使用相同的耦合剂。

1.2.13.4 参比试块

参比试块按照ASTM E428要求，但是非强制。参考本书第1章相关内容。

1.2.13.5 锻件

锻件应在热处理之后探伤。锻件表面应该无锈蚀、涂漆、污点等。锻件表面粗糙度不应超过 6 μm。

1.2.13.6 检验过程

（1）超声探伤需在热处理之后，但在钻孔，切割键槽、圆锥体、沟槽或机加工最终轮廓部分之前。扫查时，彼此轨迹探头振子面积至少重叠 15%。

（2）扫查速率小于 150mm/s。

（3）至少在两个彼此垂直方向扫查锻件。

（4）扫查圆盘形锻件，采用直探头。至少在盘的某一面从圆盘的周边径向向内扫查。圆柱面锻件，当其圆盘的直径超过高度时，此盘式锻件可以通过镦粗方式锻造。盘式锻件可有中心孔、反向台阶，或其他形状。

（5）扫查圆盘锻件、圆环和中空锻件，直探头扫查方向从外表面轴向至中心。当直径比率超过 6∶1，或轴向长度超过 600mm 时，可以从两边轴向扫查。如果由于衰减导致轴向不能超声穿透，则采用斜探头替代直探头。扫查圆环和中空锻件，当外径与内径之比小于 2∶1，且壁厚小于 200mm，可用斜探头从锻件的外部或内部进行扫查。

（6）探伤频率，通常采用 2.25MHz。当采用 0.5MHz 时，用户需要说明。

1.2.13.7 直探头

A 标定

厚度小于 150mm 的锻件，可使用单参比试块法，也可使用距离－波幅曲线方法。

（1）单试块法：建立参比标准表征锻件厚度的检测灵敏度，相对于检测面在其背面中心部位钻平底孔。孔深度可达 40mm。

（2）距离－波幅曲线校正法：建立参比标准的检测灵敏度，不超过 ±25mm。

B 距离－波幅曲线

检测厚度 150～600mm 的锻件，可采用双面对锻件厚度的 1/2 进行标定。当锻件的厚度大于 600mm 时，需选择采用如下的一种方法：

（1）采用背波反射扫查。

（2）壁厚小于 200mm 的中空圆形锻件，采用轴向斜探头替代直探头对锻件的端部表面进行扫查。对于周向扫查的标定可依据轴向缺口。斜探头需横向缺口。

C 标定步骤

采用适宜的频率，调节锻件背反射波幅至仪器垂直线性的最大限制值，可采用单标块与多标块标定方法调节仪器灵敏度。如果设定增益，当最长的参比试块的平面底孔的反射波不等于 13mm，则需调节仪器的增益以得到扫查峰 13mm 的最小回波。为了完成距离－波幅校正曲线，测定不同试验点，调整增益并标识阴极射线管的曲线，至少需要 3 个试块，其检测面距底孔距离分别为 75mm、1/2*T*、*T*，试块彼此间距离至少 40mm。

如果必须估算一个距初始脉冲小于 75mm 的指示缺陷波，则必须附加一个检测面距底孔距离 40mm 的试块。

1.2.13.8 斜探头

检查环形与中空锻件，当其外径与内径比率小于 2∶1，且壁厚小于 200mm 时，可采用斜探头从外向里，或从里向外，或二者兼有的检测方法。以达到对锻件体积的 100% 检测。

斜探头的标定方法：

刻槽表面长度 30mm，刻槽的长度方向与声束传播方向垂直。刻槽的宽度不能大于槽深度的二倍，刻槽角度 60°～75°，刻槽之间无干扰。

用探头从内、外测定刻槽的回波，调节最大波幅。其声束传播距离最小为13mm。调节超声设备的灵敏度，以便指示回波在金属中传输距离为13mm时达到最大。绘制一条直线连接从锻件刻槽内壁到外壁得到的显示波，将这作为初始参比线，这一过程称为满刻槽标定（full node calibration）。

当在13mm处不能得到来自于内、外刻槽的最大回波，则标定外周边与内径表面。调节超声设备的灵敏度，以便在对应表面的刻槽的回波在13mm处最大，该过程称为半刻槽标定。轴向斜探头可以由在端面的直探头替代。

1.2.13.9 验收的质量水准

A 直探头验收

锻件产生指示性最大回波等于或超过初始参比波的100%，或为距离-波幅校正曲线估计的不连续深度值，则认为不合格。

（1）QL-1：基于8号平底孔（3mm）的回波绘制的距离-波幅曲线；

（2）QL-2：基于8号平底孔（6mm）的回波绘制的距离-波幅曲线；

（3）QL-3：基于24号平底孔（10mm）的回波绘制的距离-波幅曲线；

（4）QL-4：基于32号平底孔（13mm）的回波绘制的距离-波幅曲线；

（5）QL-5：当一个背反射波完全消失，可以认为出现不连续缺陷；基于此，当背反射波小于屏幕的5%时，可以认为背反射波完全损失。

下面列出检测锻件声束传输距离相对于锻件质量的基本信息：

（1）QL-1：基本对应于厚度小于75mm的锻件探伤；

（2）QL-2：基本对应于厚度小于200mm的锻件探伤；

（3）QL-3：基本对应于厚度小于300mm的锻件探伤；

（4）QL-4：基本对应于厚度小于600mm的锻件探伤；

（5）QL－5：经常用于厚度超过600mm 的锻件探伤。

B 斜探头验收

QA－1：基于锻件厚度等于刻槽的3%的参比扫查。
QA－2：基于锻件厚度小于刻槽的5%的参比扫查。

1.2.13.10 指示性缺陷报告

记录指示性缺陷的取向与位置，可按下述要求：

（1）指示性缺陷伴随着背反射波幅损失的75%。相似的背反射损失，在低的频率下扫查不到指示性缺陷。若扫查失败，需在报告中写明“未扫查该区域”

随着25mm 探头的移动，指示性缺陷在阴极射线管屏幕上左右移动。

（2）指示性缺陷超过50%，参比接受曲线（直探头与斜探头）。

1.2.14 曲轴锻件探伤（ASTM A503）

1.2.14.1 范围

适用于直径大于100mm 锻钢曲轴、主轴颈或曲轴的探伤。同样适用于中速与高速发动机连续晶体流锻造（简称CGF）曲轴以及实心曲轴的探伤。

1.2.14.2 仪器

需符合1.1节的要求。

1.2.14.3 曲轴的重要检测面

曲轴有三个UT检测区，见图1－19。

其扫查方向见图1－20。

区域Ⅰ为主要UT检测区，轴的主要载荷，连接及主轴部位，区域Ⅱ为次要区域，为主轴的表面平衡法兰与齿轮咬合

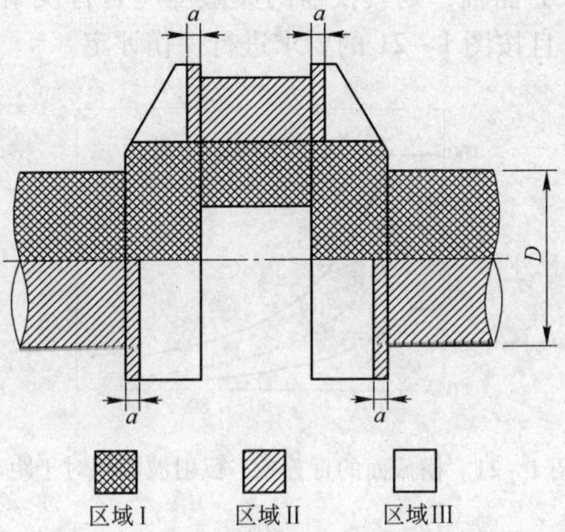

图1－19　曲轴UT验收区域
（$a=0.1\times D$）

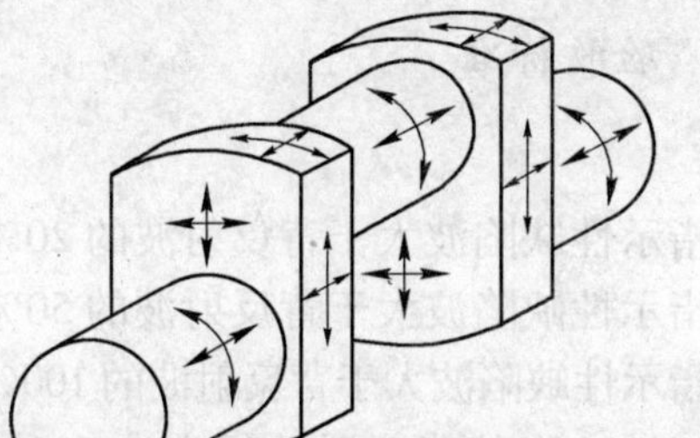

图1－20　UT扫查方向

区域。

1.2.14.4　标定探伤仪器

对于实心曲轴，仪器的灵敏度应是背反射达到显示屏高的100%，显示的背反射波之间无干扰。

对于 CGF 曲轴，则其仪器的灵敏度应是背反射达到显示屏高的 80%，且按图 1－21 的要求进行探伤评定。

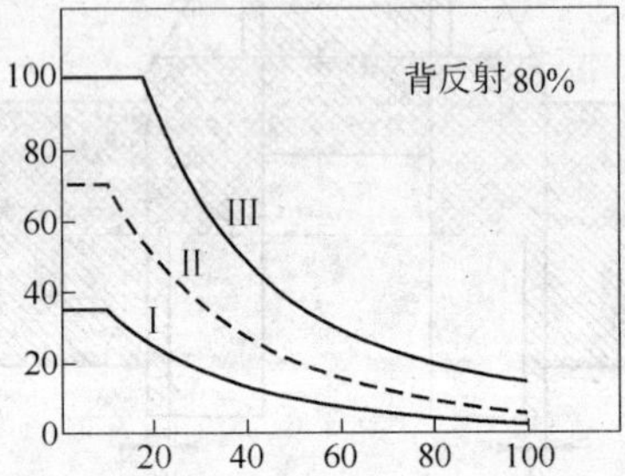

图 1－21　横截面的百分数，反射波幅相对于距离

1.2.14.5　UT 扫查

曲轴热处理后，但机加工之前探伤。扫查面的 $Ra \leqslant 6.35\mu m$；UT 扫查方向按图 1－20 执行。

1.2.14.6　验收标准

实心曲轴：

区域Ⅰ，指示性缺陷波大于背反射波的 20%，可判不合格；

区域Ⅱ，指示性缺陷波大于背反射波的 50%，可判不合格；

区域Ⅲ，指示性缺陷波大于背反射波的 100%，可判不合格。

无论哪个区域，当其背反射波损失达 50% 以上，若不是曲轴几何因素的影响，通常情况下可判不合格。

CGF 曲轴：

超声波指示性缺陷超过图 1－21 的界限，则判不合格。当其背反射波损失达 50% 以上，若非是曲轴几何因素的影响，通常情况下可判不合格。当然尚需用户的认可。

1.2.15　其他要求

当用户有其他要求，如需要参比试块标定或 DGS 曲线等，

则

(1) 对于信号衰减，可采用 DAC 曲线修正，至少需两个参比试样。

(2) DGS 曲线，可采用 ASYM 388 标准来完成。

1.3 采用超声波探伤测定轴承钢中大颗粒夹杂物的标准试验方法（ASTM E588）

1.3.1 范围

1.3.1.1 水浸式超声技术检测

ASTM E588 标准是一个利用水浸式超声技术检测矩形钢材的操作规程，其目的是提供检测轴承钢试样中大颗粒夹杂物或小颗粒但成簇分布的夹杂物含量的信息，以确定轴承应用的可行性。本标准不对钢材验收做限制。

1.3.1.2 大颗粒夹杂物

ASTM E588 按超声波探伤对大颗粒夹杂物的定义为：等于或大于参照标样反射块直径的 1/64in(1in = 25.4mm) 的平底孔洞超声波反射区等价的相似性质与厚度的探伤缺陷。按金属学的概念，大颗粒夹杂物的定义为：按 ASTM E45 低倍显现的最小夹杂物等同的尺寸探伤缺陷。在某些情况下，颗粒较上述的定义还小的夹杂物，也可个别地或成簇地探测到，这取决于夹杂物的类型、化学成分、探伤取向及声波入射面的距离等因素。

1.3.2 引用的 ASTM 标准

引用的 ASTM 标准有：

(1) E45《钢中夹杂物的测定检验方法》；

(2) E214《脉冲纵波反射水浸超声探伤标准》；

(3) E428《超声探伤钢参考块的制作与控制》；

(4) E543《无损检测的执行机构标准》；

(5) E1316《无损检测术语》。

1.3.3 引用的 ASNT 标准（美国无损检测学会标准）

引用的 ASNT 标准有：

(1) SNT－TC－IA《无损检测执照和操作人员资格推荐标准》;

(2) ASNT－CP－189《无损检测人员许可证标准》。

1.3.4 应用的基本原则

1.3.4.1 无损检测机构的评估

按照 E543 标准，必须制定无损检测机构资格评估协议。如果按照 E543 标准评估，则应以文件形式规定此评估过程。

1.3.4.2 操作人员认证

无损检测人员应该根据国家的无损检测人员认证的标准，如 ANSI/ASNT CP－189、SNT－TC－IA、MIL－STD－410 等或类似的文件被授予探伤检测资格。这些标准与其应用中的一些修正应该在使用本标准的各方以合同的方式确定。

1.3.5 标准的应用与意义

相对于其他夹杂物的评级方法而言，本标准的超声波探伤法是基于立体检测而非表面观察。因此与涡流、磁粉、高倍与低倍检验过程相比，本方法更易检测到发现概率较低的大颗粒夹杂物或成簇分布的小颗粒夹杂物。

1.3.5.1 夹杂物的尺寸与类型的检测限制

本方法限制之一是不能检测所有类型的夹杂物。夹杂物的化学成分、尺寸、形状、分布等因素导致了其周围的金属结构产生差异，这限制了使用本标准表述夹杂物的准确性。本推荐标准仅适用于探伤能力之内的钢内夹杂物的尺寸与类型。对于因夹杂物尺寸、分散度及化学成分等因素降低探伤准确度的钢，可以采用ASTM E45标准中的方法检测夹杂物。

1.3.5.2 多个夹杂物的反射

一个超声波的指示信号可代表一个来自夹杂物的反射，然而几个立方毫米内成簇分布的小夹杂物可矢量加和为一个典型的单反射超声波反射信号。

1.3.5.3 夹杂物类型指示信号

每个夹杂物反射均有其特定特征决定的振幅，此外，如果每个夹杂物的反射到达探头的光传播距离不同，则还有其特定的光学位相特征。

1.3.6 设备

1.3.6.1 探伤设备系统

探伤设备系统由如下组件构成：超声波探测仪器、探头、各种振幅信号的记录装置、系统参照标块、系统标定标块及带有适当扫描附件的水槽。

1.3.6.2 超声波仪器

超声波仪器应发射和接受与探伤检测相匹配的10MHz频率的电子脉冲，应有A扫描和模拟信号输出的功能。仪器制造厂提供的仪器应满足标准规定的最低要求。

(1) 超声波接受器特性。中心频率为（10±0.5）MHz。接受器的频带至少为1.3MHz（3dB点）。

(2) 动态范围。仪器的动态范围应能在一定灵敏度下探测直径比率为16:1的钢球。钢球应处于水中探头的聚焦点位置。在这一范围内的每个尺寸的钢球均可给出一个重要的相应振幅的信号。

(3) 稳定性。仪器开机预热1h后，适用的满刻度指示信号的模拟输出电压变化不超过5%，最好小于2%（当温度范围为17.5 ~25.5 ℃时，空调温度保持在 ±1.2℃检验4h）。

（4）扫描的长度和线性。示波器显示屏图像的扫描长度应能够调节到：1 ~1.27mm 钢的深度。扫描显示至少80mm长的部分为线性，应在全量程的5%以内。在标定和检验所用的扫描闸门内的部分，钢球的指示信号弹的模拟输出电压变化不超过 ±4%。

（5）重复频率。脉冲重复频率不能小于500Hz。

1.3.7 探头

这种检验法所用的超声探头应为球面聚焦的水浸探头。为获得重复的检验结果，探头应有统一的性能特征（见附录A，探头制造商必须满足此规定的探头性能）。探头性能必须满足以下要求：在水中的焦距均匀以及中心频率、频率光谱、透镜半径、声场的宽度和声束的对称性。

1.3.7.1 焦距长度

建议采用超声能量聚焦的声束，以便于横向分辨小缺陷，并改善焦点附近的检测灵敏度。探头的焦距定义为，在探头的轴线上，探头和一个直径为1/2in 或 12mm 的球靶上表面在水中的距离。在这个距离上从球表面得到最高反射振幅的指示信号。不同焦距的换能器，用来在检验工件表面选定的距离上获得最佳的灵敏度（探头到试样表面的水层变化对试样内的焦点有影响）。

1.3.7.2 探头的特性

通常使用的探头具有下列频率和焦距：

频率：(10 ±0.5)MHz；

水中焦距长度：(8.2 ±0.3)in（(208.3 ±7.6)mm）。

1.3.7.3 声束的对称性

将每个探头沿其超声轴线转动（不一定是几何上的轴线），

直到从系统试块上得出特殊的圆周取向，在这个取向上有最大的精确度（或计数）。记下这个探头的取向，留待以后检测使用。如果探头旋转时其指示信号的振幅变化超过15%，则认为这个探头不满足检测要求。还有另外的方法，例如在一精密而均匀拉紧丝上的最佳灵敏度，也是可用的。

1.3.7.4 性能

所有新探头的性能应经系统参照试块试验验证。新探头所得的数据应与其他同样规格的探头在相同条件下检验所得的结果比较。

1.3.8 水浸槽和辅助装置

应使用带有扫描装置和刻度盘指针装置的水浸槽。

(1) 探头角度的调整。水槽上应有一个操纵器，可以在两个互相垂直的纵平面上连续改变探头的角度，使探头能达到要求的垂直程度。

(2) 扫查和指针（刻度盘上)。水槽的桥架和支架装置应保证探头可以作 $X-Y$ 方向运动。扫查应平行或垂直（视规程所定）于试样的轴线，指针应垂直于扫查方向。

1.3.9 试样的放置

水槽应备有夹具，使试样的安装能够使声波进入表面并完全平行于桥架移动，这样探头和试样的距离保持不变，精度在 ±1/64in(0.4mm) 以内。

1.3.10 耦合剂

检验用的耦合剂为生活用水或蒸馏水，并加有润湿剂以消除气泡。水的 pH 值应保持在 7.5 ~8.5，也可以加防锈剂。所有化学添加物的浓度应保持在不妨碍检验的限度之内。水的温度必须保持在 19.5 ~25.5℃之间。最重要的是探头和标定标准试块之间不应有过大的温度差。

如果必须消除温度差，可以使水浸法检验用的水进行循环。

1.3.11 读出器装置

为测定各种振幅的指示信号出现的次数，各种装备和超声波仪器联合使用，其中包括电压（电平）计数器、脉冲计数器、积分器、纸带记录器、B 扫描记录器、C 扫描记录器、记忆示波器及计算机。由超声仪器闸门输出的模拟电压提供了数据。用脉冲计数器时，重复频率和扫描速度必须保持在误差 5% 以内，最好是低于 2%。

1.3.12 系统参数试块

系统参数试块用于仪器初步调节和运转试验。该试块在各种计数量级下都有反射信号。在所选的试块中，夹杂物深度分布的响应特性对于不同探头之间焦距的微小变化不敏感。振幅调整每增加或减少 10%，试块总计数应有至少 10% 的变化。振幅每次改变 10% 时，计数的变化最大限度不应超过 30%。必须进行适当的防腐蚀措施，以保证参数试块较长的使用寿命。

1.3.13 检验试样

试样必须是轧制或锻造的状态。若为锻造试样，应保证其轧制方向，防止试样位置颠倒。注意锻造试样过热产生的超声探伤的假象。取样的位置和超声波的频率应按供销双方协议确定。

1.3.13.1 试样的尺寸和形状

试样制备成至少为 3.5in(88.9mm) 长的具有一定横截面的立方体。扫查的面积应足以使试样中受检验的体积不小于 $25in^3$ ($410cm^3$)。检验体积等于扫查面积乘以闸门深度。如果有特殊考虑，也可以用较薄的样品进行检验。

1.3.13.2 超声波扫查表面的抛光

探伤检验表面进行机械车床加工和磨床抛光。沿表面任何一个方向进行抛光，磨光深度最好为15~85μin。材料最后磨光可以用布砂轮，以避免近表面出现假的指示信号。四个侧面均需磨光。

试样需要进行热处理，以将声学上的不正常信号减到最低限度。依据钢的类别，其典型的热处理可能包括正火，或淬火加回火。特定钢种可能要求特殊的热处理，如二次回火，以获得合适的声学性能。

1.3.14 超声穿透能力

超声穿透能力可被测定，以保证适合于超声检验。如果在标准的检验条件和检验灵敏度下，通过坯料试样中心第三个反射波是最大指示信号的25%，则认为穿透能力合格。

1.3.15 检验程序

1.3.15.1 工作频率

大多数轴承钢用的工作频率为10MHz。10MHz是目前生产的具有同一特性探头的、最高实用的频率。较高的频率具有好的分辨率，但较低的频率则具有较好的穿透能力。

1.3.15.2 探头标准化检测

探头（声束调到与进入表面相垂直的方向）标准化检测是一件细致的调整工作，要求非常小心。调整垂直的一种方法是在两边磨得平行的坯料试样上进行，只要在没有材料缺陷，不使超声束发生畸变的区域内，将第一个远场区反射波调到最大就行。另一种方法是将一块两边磨得平行的淬火钢板（如硬度为HRC58~64的试块）放在磨过的坯料表面上，将钢板的远场区反射信号调到最大。

1.3.15.3 水层距离

探头与输入面之间水层的距离不应小于（1±1/16）in。

1.3.15.4 报警闸门

报警闸门既可以使用单个闸门，也可以使用多个闸门。

1.3.15.5 试样的扫查

试样扫查可以是垂直于轧制方向，扫查间距为 0.050in（1.27mm）。由于会出现边缘的假回波现象，应避免扫查到距离径加工制备的表面的边缘 1/2in（12.7mm）以内。应检查两个临近面。扫描前试样的温度必须是室温。

允许的扫查速度是计数器响应和仪器重复频率的函数。通常采用 4in/s（101.6mm/s），比常用速度高 1/3。或者采用另外一个速度，在这个速度下得到的对比试样的评定结果与扫查速度小于 1in/s（25.4mm/s）得到的结果相比，相差在 5% 以内，在上面两个速度之中取低者作为速度的极限。

1.3.15.6 灵敏度

检验的灵敏度，应使所产生的材料背景、噪声信号振幅不超过最低报警电平的一半。

1.3.15.7 设备操作性能

用系统参数试块，定期检验整套设备的性能，容许的偏差不能超过电增益改变 ±10% 时所得到的计数的变化量。从实际上看，电增益 10% 应定义为等效于球靶直径改变 10% 时的响应之比。

1.3.16 方法概述

本方法可用于测定优质轴承钢的相对纯净度。以能应用为前提，仪器、标定和检验结果的分析方法都尽可能简化。用10MHz聚焦探头进行水浸超声检测，三级计数器指示检验结果，钢球确定计数器的记数电平，还使用了仪器标定试块和系统参数块试样。试样上沿与轧制垂直的方向进行扫查，只有当探头横向通过单个夹杂物或者一群夹杂物，引起不连续的超声指示信号超过计数的量级时，才进行记录记数。

1.3.16.1 专用的仪器和附件

三级脉冲计数器具有每级各自可调的电压门槛，用来测定各种振幅的指示信号出现的次数。计数器输入电路应有充分的滤波，以免计数器因外来干扰高频信号而工作。设备应有充分的滞后性能，以防止计入假信号的变化（跳动）。

1.3.16.2 标定标准

计数器的标定需要三个一组的球靶，尺寸的比为12∶7∶4。高度抛光的钢球表面粗糙度为2μin（0.05mm）。可以使用直径为3/4in、7/16in和1/4in（12mm、7mm和4mm）的不锈钢球(1/2in球可以替代7/16in球)。

对检验仪器进行标定用一个10mm半球形孔的仪器标定试块。这一参考靶为1.7in，低于标准输入面。

1.3.17 设备校准程序

设备校准程序分两个步骤，即要求进行计数器量级的校准，随后进行超声检验仪器灵敏度的校准。

用一组表面粗糙度为0.2μin，直径比为12∶7∶4的优质不锈钢球，调整三个级别计数器。将探头放在最大的球上方的位置，其距离应使振幅达到最大。调节检测仪器的灵敏度，使得出的信号高度在仪器直线范围的80%。在这种调整条件下，记录模拟输出电压，并调节三个级别计数器，使之进行计数。这一步骤就确定了第3级（高）振幅计数器的阈值。不改变仪器的灵敏度，将探头放在中等尺寸和小尺寸球上方，距离为其焦距。类似第 3 级的步骤，调节计数器的阈值，并记录第 2 级（中）和第 1 级（低）振幅计数器的阈值。

如果在方法的使用者之间，对他们所用的系统参考试块进行互相校准（如附录 C 所述），则可以进行灵敏度细调（不超过 ±1.5dB），以消除探头的响应、计数器的滞后性能和其他仪器参数变化的影响。

1.3.18 一般说明

（1）调节水层距离，使探头面处在距检测试样的进入表面 (1 ±1/16) in ((25.4 ±1.6) mm) 处。可以用一把尺、参数间距块或检测 仪器扫描线上标定的水层测量来完成水层距离的调节。

（2）调节警告器/电子闸门，评定距进入表面 0.7 ~ 0.9in（17.8 ~ 22.9mm）至距试样底部 0.3 ~ 0.5in（7.6 ~ 12.7mm）的区域内指示信号的状况。

（3）置探头扫描与试样轧制方向垂直，以 0.050in (12.7mm) 的间距进行扫描。扫查面积四周应不在加工的表面边棱的 0.5in（12.7mm）以内。如果试样侧面是粗糙的，则要求距边棱更大的距离，以避免假信号。

（4）用系统参数试块进行设备性能检测。用检验系统参考试块的方法校验设备的全部性能。

1.3.19 检验结果的计算

检验结果的计算包括分别计算高、中、低级指示信号的次数，每一级指示信号的次数乘以适当的加权系数，把加权系数的结果相加，除以检验的体积，这样就得出纯净度的等级，定义为每立方英寸的加权系数

$$S = \frac{N_l + N_m + N_h}{V}$$

式中 S——级别；

N_l——计出的低级指示信号次数；
N_m——计出的中级指示信号次数；
N_h——计出的高级指示信号次数；
V——检验材料的体积（闸门深度×扫查面积）。

1.3.20 报告

报告结果应包括检测的全部信息，以便在同地点或其他地点重复检验。报告最低限度应包括试样说明、系统参考试样上的检验结果、仪器和探头的制造厂名称和型号，以及检验日期。把某些附加的资料记录下来可能更好，如每一级别的记数、精确度、检测体积、门槛值、检测间隔、扫查长度、水温、灵敏度、操作者姓名等。其他事项由供销双方协商而定。

此外，报告必须报出试样铸态截面原始态的压缩比。

1.4 脉冲回波接触法探测厚度

工件温度低于93℃，使一定速率的超声波进入部件并可接收到回波的材料，均可采用脉冲回波接触法测定其厚度，如图1－22所示。

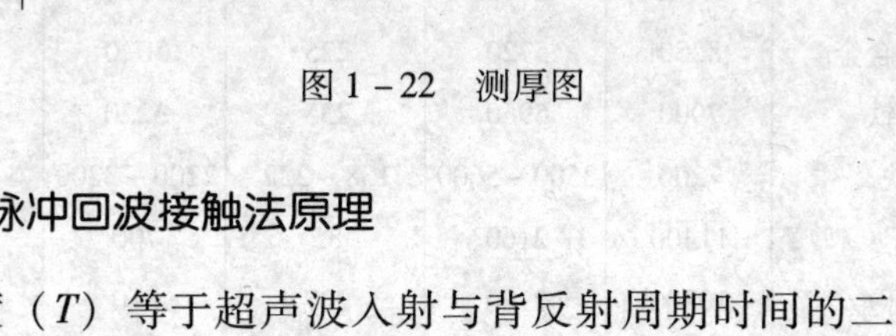

图1－22 测厚图

1.4.1 脉冲回波接触法原理

厚度（T）等于超声波入射与背反射周期时间的二分之一，即：

$$T=\frac{vt}{2}$$

式中 T——厚度；

v——声波速率；

t——声波传播时间。

脉冲波必须完成入射－回波整个厚度的完整周期。检测件中传播的声波速率为材料性质相关的函数，通常为一常数。其值可由表1－24（ASTM E494 标准 X3 表）中查到近似值。或从无损检测手册、实验得到这一数值。需要数个已知声速的参比试块进行试验，以确定检验的精度及检测范围。参比试块的厚度最好是整数。参比试块应该有两块：一块的厚度为检测厚度范围的最大值，另一块厚度应接近检测范围的最小值。

表1－24 工程材料声速表

材 料	密度 /kg·m^{-3}	纵波速度		横波速度	
		m/s	×10^{3}in/s	m/s	×10^{3}in/s
铝	2700	6300	250	3130	124
铍	1850	12400	488	8650	340
铋	9800	2180	85	1100	43
黄铜	8100	4370	173	2100	83
青铜	8860	3530	139	2230	88
镉	8600	2780	109	1500	59
铜	8900	4700	185	2260	88
金	19300	3240	127	1200	47
铅	11300	3860	152	2180	82
铬镍铁合金	8250	5720	225	3020	119
电解铁	7900	5960	235	3220	128
铸铁	7200	3500～5600	138～222	2200～3200	87～131
铅	11400	2160	85	700	27
锑铅合金	10900	2160	227	810	32
镁	1740	5740	227	3050	122

续表 1-24

材　料	密度 /kg·m^{-3}	纵波速度		横波速度	
		m/s	$\times 10^3$ in/s	m/s	$\times 10^3$ in/s
蒙乃尔铜-镍合金	8830	6020	237	2720	107
镍	8800	5630	222	2960	118
塑料(丙烯酸树脂)	1180	2670	105	1120	44
铂	21450	3960	155	1670	65
熔凝石英	2200	5930	233	3750	148
银	10500	3600	141	1590	62
镍黄铜	8750	4620	182	2320	91
不锈钢（347）	7910	5790	226	3100	122
不锈钢（410）	7670	5900	232	3300	130
钢	7700	5900	232	3230	127
锡	7300	3320	130	1670	65
钛	4540	6240	245	3215	126
钨	19100	5460	214	2620	103
铀	18700	3370	133	1930	76
锌	7100	4170	164	2410	94
锆	6490	4310	169	1960	77

仪器的显示（CRT、量具或数字显示）必须设置到检测的厚度范围内。控制内容有：范围（range）、扫描（sweep）、材料标准及声速等。

计时电路有各种转换，一般的为时间/模拟转换，时间正比电压。另一种技术是采用高频振荡调制原理完成计时。

需要强调的是：当测厚的材料温度不超过93℃时，可在材料的一侧测定其厚度，如评价工件的机加工精度及工件的腐蚀减薄过程等。

1.4.2　分析仪器

分析仪器分为三类：（1）CRT显示的裂缝探测仪；（2）裂缝与厚度探测仪；（3）厚度测量仪。

（1）带有 CRT 读数 A 型扫描显示的时间 - 波幅。通过零校正初始脉冲与第一回波（背反射）间的距离进行厚度测量。或者初始入射波与多回波间的距离进行测量。

（2）带有数字输出的裂纹（缝）探测器，可在 CRT 上显示裂缝，也提供检测件的厚度信息。

（3）厚度直读测量仪为脉冲回波仪器，为特定材料及特定范围的专用设备。

探头：

（1）假如带有裂缝探测功能，则绝大多数采用脉冲 - 回波探头（直探头接触，延迟线与双晶）。

（2）如具有测定超薄功能，则采用高衰减、高频率的探头。频率不小于 10MHz，延迟线探头需满足至少 0.6mm 厚度的测量。

（3）测量高温物体的探头需要特殊的设计。

（4）当采用双晶探头时，对于薄层的检测需要非线性特殊校正，如图 1 - 23 所示。

1）厚度减小，声程增加。

2）读数有误差。

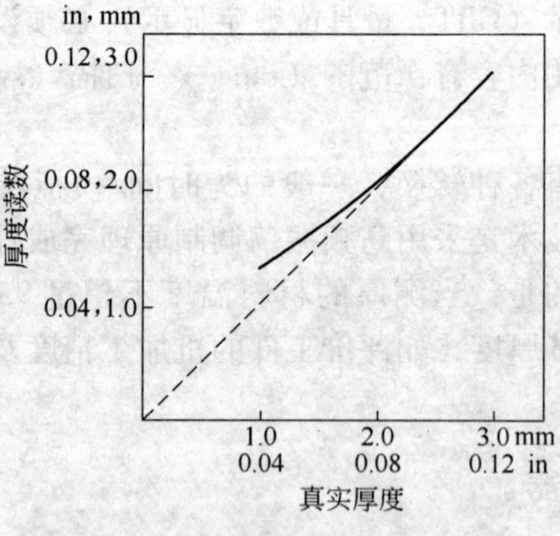

图 1 - 23　双晶探头的非线性误差
（dual transducer nonlinearity）

1.4.3 标准化试块

试块的声速与所测试样的声速相同。厚度的尺寸精确，最好是整数。参比试块应该有两块：一块的厚度为检测厚度范围的最大值，另一块厚度则接近检测范围的最小值。

将探头置于试块上，选用适宜的耦合剂且调节出适宜的厚度输出数据：材料的标准化、范围、扫描或声速，以及试块的厚度数值。试块的规格：典型的四台阶厚度的标准试块见图 1－24 及表 1－25。

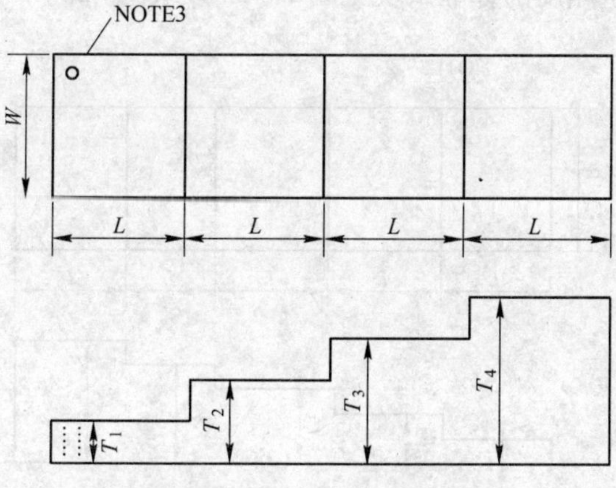

图 1－24 四台阶标准试块

表 1－25 四台阶标准试块尺寸表

图标	美国通用试块尺寸/in		公制试块 4A 尺寸/mm		公制试块 4B 尺寸/mm	
	尺寸	公差	尺寸	公差	尺寸	公差
T_1	0.250	0.001	6.25	0.02	5.00	0.02
T_2	0.500	0.001	12.50	0.02	10.00	0.02
T_3	0.750	0.001	18.75	0.02	15.00	0.02
T_4	1.000	0.001	25.00	0.02	20.00	0.02

续表 1-25

图标	美国通用试块尺寸/in		公制试块 4A 尺寸/mm		公制试块 4B 尺寸/mm	
	尺寸	公差	尺寸	公差	尺寸	公差
L	0.75	0.02	20.0	0.5	20.0	0.5
W	0.75	0.05	20.0	1.0	20.0	1.0

注：1. 特定材料；
2. 表面精加工，检测面最大 0.8μm，其他面最大 1.6μm；
3. 可选择孔径 1.5mm，用于试块的支撑；
4. 检测面需要镀层；
5. 去除尖角（大于 0.5mm）、划痕及毛刺。

五台阶厚度的标准试块见图 1-25 及表 1-26。

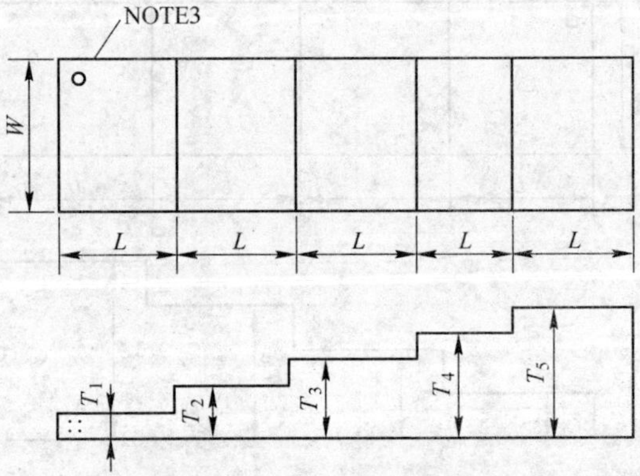

图 1-25 五台阶标准试块

表 1-26 五台阶标准试块尺寸表

图标	美国通用试块尺寸/in		公制试块 4A 尺寸/mm		公制试块 4B 尺寸/mm	
	尺寸	公差	尺寸	公差	尺寸	公差
T_1	0.100	0.001	2.50	0.02	2.00	0.02
T_2	0.200	0.001	5.00	0.02	4.00	0.02
T_3	0.300	0.001	7.50	0.02	6.00	0.02
T_4	0.400	0.001	10.00	0.02	8.00	0.02
T_5	0.500	0.001	12.50	0.02	10.00	0.02

续表 1-26

图标	美国通用试块尺寸/in		公制试块 4A 尺寸/mm		公制试块 4B 尺寸/mm	
	尺寸	公差	尺寸	公差	尺寸	公差
L	0.75	0.02	20.0	0.5	20.00	0.5
W	0.75	0.05	20.0	1.0	20.00	1.0

注：1. 特定材料；

2. 表面精加工，检测面最大 0.8μm，其他面最大 1.6μm；

3. 可选择孔径 1.5mm，用于试块的支撑；

4. 检测面需要镀层，

5. 去除尖角（大于 0.5mm）、划痕及毛刺。

1.4.4 仪器的标准化

情形 1 ——直接接触，单晶探头，显示初始脉冲。

所有显示单元均为线性。CRT 显现试块厚度。声速转化曲线如图 1-26 所示。

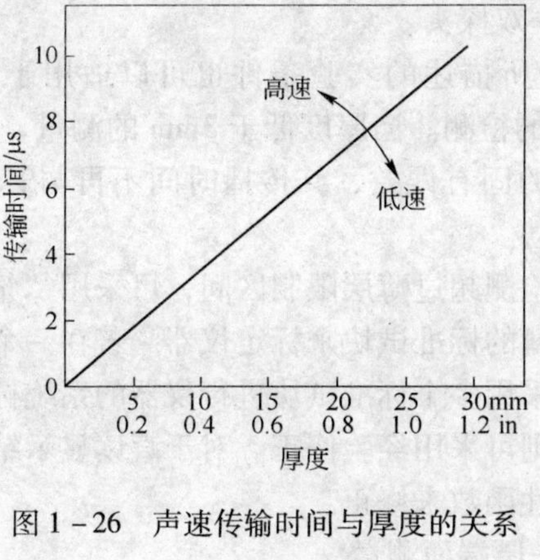

图 1-26 声速传输时间与厚度的关系

采用延迟控制的功能，可减去剪切波的时间。最好检测两个厚度的最小厚度，以确定其检验精度。将探头放置在已知厚度的标块上，采用合适的耦合剂，调试仪器直至得到适宜的厚度读数。随后检查并调整数值，改进厚度值总精度。

情形 2——延迟线单探头。

检测条件：若使用有延迟效应的探头，必须修正延迟线与零厚度相对应。仪器装有所谓的“延迟”功能部件，即自动电子感应“零厚度”。

对于绝大多数仪器，如果仪器的相应标准电路已经对材料的声速进行过校正，那么仪器可以直接读出正确的厚度值。如果利用探头的延迟线，则必须进行标准化，需如下步骤：

(1) 至少使用两个标准试块，检测范围的最大厚度与最小厚度试块。其厚度值以整数为佳。

(2) 测定标准试块的厚度，得到读数。计算测定值与实际值的差值，当厚度差小于实际厚度，将探头置于较厚的标准试块上，调节扩展厚度范围至正确值。当厚度差大于其实际厚度，则将探头置于较厚的标准试块上，调节减小其厚度范围至正确值。

(3) 当厚度校正过程完毕后，需对厚度的厚薄范围进行延迟控制校正。

情形 3——双探头。

“情形 2”所描述的实验条件也可以适用于试样厚度大于 3mm 的双探头的检测。当厚度低于 3mm 的测量，由于声波 V 形路径传播产生的固有误差，其传播时间不再与其厚度成比例关系，厚度薄尤甚。

假如厚度检测超过薄层限制区间，可采用“情形 2”所阐述的利用适宜的薄的标准试块来标定仪器。若在一个宽泛的范围测量厚度，则可采用多个标准试块进行仪器的系统标定。对于厚度特薄的试样，则可采用经验修正。对于直读显示结果情形，可以建立一个非线性函数来修正。

情形 4——厚端面测量。

需要精密测量厚的端面。探头直接接触，初始脉冲同步。所有显示均为线性。厚度增量在 CRT 上显示出来。

基本标准化按“情形 1”所述。标准试块需满足满扫描量程的精度，即 10mm，或 25mm 满量程。标准化后，扫描必须延迟。

例如：当估计待测部件的厚度为 50 ~ 600mm，其基本标准化试块的厚度为 10mm，厚度从 50mm 增至 600mm，需如下操作：

调节延迟控制使基本试块产生 5 个回波，等价于 50mm，并在 CRT 上调出零点。第 6 个回波应该出现在标准扫描的右边界。

可以用一个已知总厚度的试块检查仪器的标准化。未知试样的厚度直读结果必须加上屏幕不显现的延迟值。例如：当直读数为 4mm，则其总厚度为 54mm。

注意事项：

(1) 对于表面粗糙试样，采用双探头或许获得较佳的结果。在这种条件下，仅仅选用第一个回波，如来自于凹处底部回波。通常而言，测量厚度最薄的试样为佳。

(2) 材料物理性质。仪器的标准化是特定声速在材料中传播的衰减的检测。如可能，仪器标准化应该测量待检试块的外观尺寸。

(3) 扫描。要求扫描速度最大。由于材料的物理性质、设备型号与操作者的能力限制，可能需要较慢的扫描。

(4) 几何条件。当试块的测厚双面平行时，可得到精确的结果。在很多情形下，检测双面并非平行，其检测精度受到限制，通常是选取最薄的一点为测定值。

相对曲率大的表面测厚常需要特殊的技术与设备。

(5) 高温材料。采用特殊设计具有高温补偿的仪器与探头及耦合剂，可测温度最高达 540℃的材料厚度。其外观厚度与温度相关。一个经验法则，钢壁厚度随温度变化的因子为：1%/55℃（每升高 55℃厚度增加 1%）。据此，假如相似材料在 20℃标准化后，如果在 460℃ 的表面得到厚度数值，则其 20℃厚度需减去 8%。

(6) 仪器。时间 - 基底线，随着材料厚度的变化可产生相应的变化。如果采用 CRT 输出，其水平线性需要按照 ASTM E317 进行检查。

(7) 背反射。直读式厚度仪显示的厚度为第一半周期波。假如背反射波幅与标准试块的背反射波幅有差别，可选取不同半周期波的数据。减少误差措施有：

1) 使用标准化试块的衰减特性抵消检测材料的衰减，或调节背反射波幅等于标准试块与测试样品的波幅。

2) 使用带有自动增益控制的仪器产生一个恒定波幅的背反射回波。

(8) 直读结果。CRT 显示的结构应为粗糙表面、凹陷或腐蚀部位的回波厚度。

检验步骤：

(1) 详读仪器说明书。

(2) 检测精度。

(3) 限定条件。

(4) 要求：操作者、设备、资质。

(5) 检测程序。检测条件、表面处理、耦合剂、仪器及精度标定、扫描参数。

(6) 报告。包括：检测过程、仪器标定记录、测量记录。

具体检验报告包括：

1) 检测方法。

2) 仪器类型。

3) 标准试块、尺寸与材料类型。

4) 探头的尺寸、频率与类型。

5) 扫描方式。

6) 结果。厚度的最大值与最小值、检测的部位。

7) 操作人员、日期、资质等。

1.5 信息提示

1.5.1 一般特性

(1) 目前所用探头的一般特性及公差如下：

频率（MHz）：10 ±0.5

水中焦距（in（mm））：8.2±0.3（208.3±7.6）

焦距长度应当使用检测钢材所用的仪器来测定，要求探头与仪器有最佳的阻抗匹配。使用一个直径为1/2in或12mm、抛光表面粗糙度为2μin（0.05μm）的不锈钢球作这种测定。

（2）频谱测定：

应对探头的发射信号作频率分析，以测定工作频率的特性。频率测定的要求如下：

1）使用的脉冲发生器应产生单向的脉冲电压，持续时间不大于名义检测频率周期的一半，最大上升时间为10ns。当探头和仪器连接时，扫描线的振幅可以调到（150±5）V。

2）使用一个直径为1/2in或12mm的不锈钢球。钢球应放在探头远场区1.2倍焦距处。

3）所分析的发射信号应该是球靶前表面的反射。

4）所使用的闸门应不影响反射信号，以避免频率分析受到来自闸门信号的干扰。

5）应当使用线性示波器（或等价仪器）显示。这种分析所显示的最高峰值频率必须在规定频率±0.5MHz以内，峰值频率5dB以内不能有第二个峰值存在。

6）这种分析所显示的频率宽度不得大于（4±0.5）MHz，按半波法来测定。

（3）声束的对称性。

探头声束的对称性对检测灵敏度有影响。理想的探头辐射出一束截面实际为圆形的声束。如果探头辐射的声束为椭圆形或其他不对称的形状，则灵敏度（特别是钢球的反射波）可能随探头方向有显著变化。本检测所用的探头，发射声束的对称性必须由下列两种方法进行评价：

方法Ⅰ：近场区的声束对称性。

1）脉冲发生器应与频谱测定中1）相同。

2）在水中沿4个互成45°的平面，以Y－1点（接近于近场焦点的轴上第一个零点）为中心，记录回波幅度与探头位置的关系，使用直径为1/2in或12mm的不锈钢球。

3）将示波器显示波形摄制成图片，用这样的图片或信号的纸带记录得出声束的剖面。

4）测定记录下的波瓣的相对差来计算对称系数，4个剖面中每一个剖面的波瓣之间幅值差加在一起为对称系数，建议这样得到的系数不大于18dB。

方法Ⅱ：远场区的声束对称性。

1）所用的仪器应与检测钢材的仪器相同。观察探头发生的方向与水中不锈钢球反射场的尺寸，就可以测出远场区的声束对称性。

2）将一个1/2in或10mm的不锈钢球放在焦距长度1.2倍处。

3）在4个相差45°的平面中测定辐射场半波高的宽度。

4）建议以最短的声场宽度与最长的声场宽度之比等于或大于0.85为合格。

（4）距离－振幅特性：

1）用与检测钢材相同的仪器测定水中一个直径为10mm的不锈钢球反射幅值，即可测定探头的距离－振幅曲线。

2）距离－振幅测定的允许偏差应按如下探头距不锈钢球的距离规定：

按探头焦距的规定：焦距长度的1.3倍；或焦距长度的0.8倍。

3）波幅范围。所有信号的振幅范围应在仪器直线范围之内。

10MHz探头：

在焦距长度的1.3倍处，指示信号的振幅范围应为焦距处振幅的57%～83%。

在焦距长度的0.8倍处，指示信号的振幅范围应为焦距处振幅的67%～93%。

（5）最小灵敏度。

探头应具有最小灵敏度，按下列方法测定：

发射脉冲使用半波法最大持续时间，10MHz 探头为 50ms。测量前置放大 40dB 以后接收的反射信号幅值，对于 10MHz 探头，这个振幅至少为 3.5V。

(6) 探头的元件。

推荐使用 3/4in (19.1mm) 的硫酸锂探头，因为对这个试验它有足够的面积和灵敏度。硫酸锂元件的缺点是作为一水化物的压电晶体，少量的水进入元件即损坏。制造时要小心保证完全密封，检测使用之后要小心擦干，防止水进入。本实验也可以用声学特征等效的其他元件。

(7) 阻尼特性。

探头应加上声学阻尼，以改善其分辨率，提高检测密集缺陷的能力。在示波器上观察探头脉冲包络线衰减的速率，就能对阻尼进行实验室测定。用阻尼系数 (D) 来说明，即计算脉冲包络内大于初始脉冲振幅的 1/2 的周期，阻尼系数 (D) 应小于 5。探头的这种特性对探头的灵敏度有影响。晶片和阻尼块之间粘合的条件可以由阻尼系数的增大来估计。粘合不好会引起探头辐射声束不对称，也引起阻尼系数和探头工作频率增加。

(8) 探头性能的试验。

制造厂最好用实际检测钢材的方法来检测探头的性能，至少用一种计数（最低级），最好用三级。试验的结果应在所有探头的平均数的 ±15% 以内。

1.5.2 10mm 半球形孔的制作

10mm 半球形孔试块应按下述方法制作，如图 1－27 所示。使用 CEVM8620、4330 或 4340 钢，钢在 A_{c3} 点以上 90℃ 正火，在这一温度下至少保温 4h，然后炉冷。进行粗加工，应保证经最终加工后尺寸能如图 1－25 所示。表面 X 应研磨。铣出一个平底的塞孔（直径约 7/8in(22mm)，深 0.150in(3.81mm)）。在孔中心铣出一个直径 0.4in(10.2mm)，深 0.1in(3mm) 孔。用标准的布氏硬度计（10mm 球和 3000kg 载荷）检测孔底的布氏硬度。用铜焊在棒上焊一个 10mm 的球，并将棒装在钻床或铣床上。研磨孔底，直到放大 3 倍也看不到机械误差为止。半球孔的轴和旋转棒的轴线要始终保持倾斜，因为沿棒轴的球底速度为零。磨削试块，使 A 的尺寸为 (1.70 ± 0.005) in ((43.2 ± 0.13) mm)。试块镀镍或铬（厚度约 0.001in (0.03mm)）。将平的塞子粘到平底孔上。

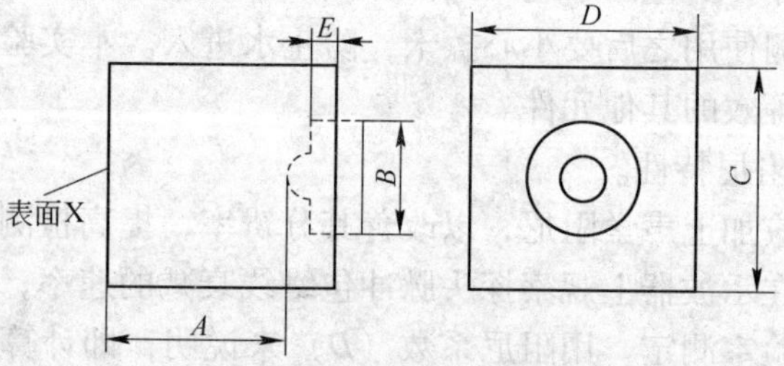

图 1－27　10mm 半球形孔试块的构成
(A = (1.70 ± 0.005) in ((43.2 ± 0.13) mm); B = (0.875 ± 0.125) in ((22.22 ± 3.18) mm); C = 1.5in (38mm) 最小; D = 1.5in (38mm) 最小; E = (0.15 ± 0.050) in ((3.8 ± 1.27) mm))

1.5.3 系统参数试块互相校准方法

1.5.3.1 保证适当的设备性能

定期用系统参数试块进行校验，才能保证设备的适当性能。不同的试样和试块的灵敏度（计数百分比的变化）对于所有的仪器参数不一定都是常数。

1.5.3.2 影响试样计数的因素

检测的试样中夹杂物的分布、类型、形状和位置可能使计数对仪器、探头或调节条件的微小变化反应敏感或不敏感，所以简单规定系统试块的范围（如允许计数对所确定的平均值有一定百分比的偏差）是不现实的，必须认为一定的参数试块的灵敏度是仪器增益等的函数。

1.5.3.3　不同试块互相校准的方法

试块进行互相检测，然后选择更高或更低增益调节（如用模拟电压来测量的）重新对试块进行测试。为了避免仪器不准确（对线性的差别）对检测的影响，可以将模拟电压调节稍高或稍低描述不同尺寸的钢球之间能量反射的差别。这是可行的，因为球的指示信号振幅直接随球的半径而变化。

在高、低和标准灵敏度下用参数试块进行检测，得出互有关系的数据，可以确定每块参数试块的计数容许的偏差。

图 1－28 说明三个不同的探头在两块参数试块上所得的计数。用这种方法对试块进行互相校准是可以做得到，只要稍微调节灵敏度来抵消仪器和探头的变化，就能得到每一个系统参数试块的满意（同其他设备比较来说）计数。

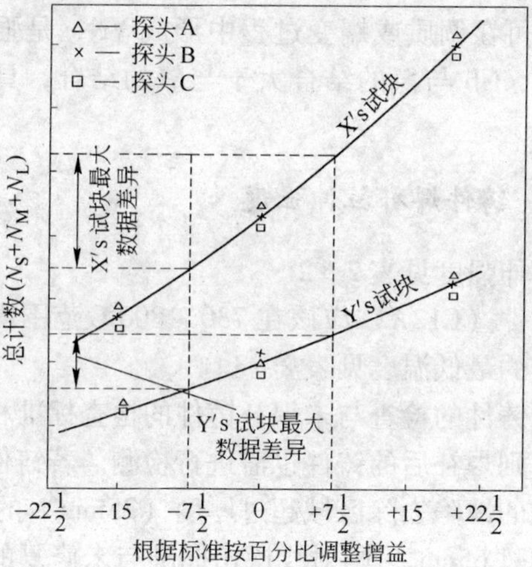

图 1－28　基准试块比较法

2 铸件探伤

2.1 碳钢、低合金钢及马氏体不锈钢铸件的超声波探伤

2.1.1 适用范围

热处理后碳钢、低合金钢及马氏体不锈钢铸件的脉冲－回波超声波检验。检验有两种检测程序：底板平孔标定程序、背反射标定程序。

2.1.1.1 铸件的化学成分

铸钢的化学成分应满足表2－1。

表2－1中的元素含量均为最大值。对于C12牌号的钢，钢中铁素体基体中V，Nb可形成碳氮化物M(CN)X,弥散强化作用显著。V元素可在调质或蠕变过程中形成VN，是强的氮化物形成元素。但V、Nb与氮的结合大于与氧的结合，具有高温强化作用。

2.1.1.2 铸件焊补拉伸强度

铸钢的拉伸强度见表2－2。

焊补的铸件（C12A）应该在730～800℃范围内热处理。其铸件热处理前的最低温度见表2－3。

焊补后的铸件的检查与未焊补铸件的检查标准相同。若有磁粉探伤要求，则焊补后的铸件也需进行检测。若铸件需要射线探伤，当焊补前的缺陷去除区域超过厚度（25mm）的20%或缺陷的去除范围超过65cm^2，则射线探伤标准与未修复的铸件要求相同。修复后的锻件需按相应要求进行去应力退火。通常，铸件的检测项目有：

表 2 – 1 铸钢件的化学成分

牌号	成分/%									
	C – Mo	NiCrMo	NiCrMo	CrMo	CrMo	CrMo	CrMo	CrMo	CrMo	Cr
	WC1	WC4	WC5	WC6	WC9	WC11	C5	C12	C12A	CA15
C	0. 25	0. 05 ~ 0. 20	0. 05 ~ 0. 20	0. 05 ~ 0. 20	0. 05 ~ 0. 18	0. 15 ~ 0. 21	0. 20	0. 20	0. 08 ~ 0. 12	0. 15
Mn	0. 50 ~ 0. 80	0. 50 ~ 0. 80	0. 40 ~ 0. 70	0. 50 ~ 0. 80	0. 40 ~ 0. 70	0. 50 ~ 0. 80	0. 40 ~ 0. 70	0. 35 ~ 0. 65	0. 30 ~ 0. 60	1. 00
P	0. 04	0. 04	0. 04	0. 04	0. 04	0. 020	0. 04	0. 04	0. 030	0. 040
Si	0. 60	0. 60	0. 60	0. 60	0. 60	0. 30 ~ 0. 60	0. 75	1. 00	0. 20 ~ 0. 50	1. 50
S	0. 45	0. 45	0. 45	0. 45	0. 45	0. 015	0. 045	0. 045	0. 010	0. 040
Ni	—	0. 70 ~ 1. 10	0. 60 ~ 1. 00	—	—	—	—	—	0. 40	1. 00
Cr	—	0. 50 ~ 0. 80	0. 50 ~ 0. 90	1. 00 ~ 1. 50	2. 00 ~ 2. 75	1. 00 ~ 1. 50	4. 00 ~ 6. 50	8. 00 ~ 10. 00	8. 0 ~ 9. 5	11. 5 ~ 14. 0
Mo	0. 45 ~ 0. 65	0. 45 ~ 0. 65	0. 90 ~ 1. 20	0. 45 ~ 0. 65	0. 90 ~ 1. 20	0. 45 ~ 0. 65	0. 45 ~ 0. 65	0. 90 ~ 1. 20	0. 85 ~ 1. 05	0. 50
Cb	—	—	—	—	—	—	—	—	0. 060 ~ 0. 10	—
N	—	—	—	—	—	—	—	—	0. 030 ~ 0. 070	—
V	—	—	—	—	—	—	—	—	0. 018 ~ 0. 25	—
	特殊残余元素/%									
Al	—	—	—	—	—	0. 01	—	—	0. 02	—
Cu	0. 50	0. 50	0. 50	0. 50	0. 50	0. 35	0. 50	0. 50	—	—
Ni	0. 50	—	—	0. 50	0. 50	0. 50	0. 50	0. 50	—	—
Cr	0. 35	—	—	—	—	—	—	—	—	—
Ti	—	—	—	—	—	—	—	—	0. 01	—
W	0. 10	0. 10	0. 10	0. 10	0. 10	—	0. 10	0. 10	0. 10	—
V	—	—	—	—	—	0. 03	—	—	—	—
Zr	—	—	—	—	—	—	—	—	0. 01	—
残余元素总含量	1. 00	0. 60	0. 60	1. 00	1. 00	1. 00	1. 00	1. 00		

表2-2 铸钢的拉伸强度

牌　号	抗拉强度/MPa	屈服强度/MPa①	伸长率/%②	面缩/%
WC1	450~620	240	25	35
WC4,WC5,WC6,WC9	485~655	275	20	35
WC11	550~725	345	18	45
C5，C12	520~795	415	18	35
C12A	585~760	415	18	45
CA15	620~795	450	18	30

① 外推测0.2%或0.5%；
② ICI试验棒符合ASTM 703A/ 703M。

表2-3 热处理前最低温度

牌号	厚度/mm	热处理前最低温度/℃	牌号	厚度/mm	热处理前最低温度/℃
WC1	5/8以下	10	WC11	全部	150
	5/8以上	120	C5	全部	200
WC4	全部	150	C12	全部	200
WC5	全部	150	C12A	全部	200
WC6	全部	150	CA15	全部	200
WC9	全部	200			

（1）残余元素分析。
（2）破坏性检验（拉伸、冲击）。
（3）弯曲试验。
（4）磁粉探伤。
（5）射线探伤。
（6）焊补准备检查。
（7）硬度检查。
（8）热处理炉记录。
（9）热处理。

2.1.2 平底平孔标定过程

2.1.2.1 电子设备

（1）频率1~5MHz，屏幕满刻度75%条件下，线性误差为

±5%。

（2）信号衰减或校准增益控制，其超越仪器线性范围正常衰减或增益比率为±10%。

2.1.2.2 探头

（1）纵波，内接地，13~18mm 直径，或边长为 25mm 方形压电元件。

（2）背底噪声不能超过距离－振幅曲线的 25%（DAC）。

（3）双晶探头，5MHz，13mm×25mm；12°斜探头，25mm 以下晶体。

2.1.2.3 参比试块

参比试块包含平底孔，参比试块为铸态，其声学性能与检测的铸件相似。参比试块的设计如图 2－1 所示。

2.1.2.4 耦合剂

探头与检测面应有很好的润湿性，标定与检测的耦合剂应该相同。其系列参比试块规格详见表 2－4。

表 2－4 参比试块的规格

孔直径 1/64	金属距离（B）/in［mm］	全长（C）/in［mm］	宽或直径（D）/in［mm］	缺陷标识数量
16［6.4］	1［25］	$1\frac{3}{4}$［45］	2［50］	16~0100
16［6.4］	2［50］	$2\frac{3}{4}$［70］	2［50］	16~0200
16［6.4］	3［75］	$3\frac{3}{4}$［95］	2［50］	16~0300
16［6.4］	6［150］	$6\frac{3}{4}$［170］	3［75］	16~0600
16［6.4］	10［255］	$10\frac{3}{4}$［275］	4［100］	16~1000
16［6.4］	B	$B+\frac{3}{4}$［$B+20$］	5［125］	16~B00

注：探头与检测面应有很好的润湿性，标定与检测的耦合剂应该相同。

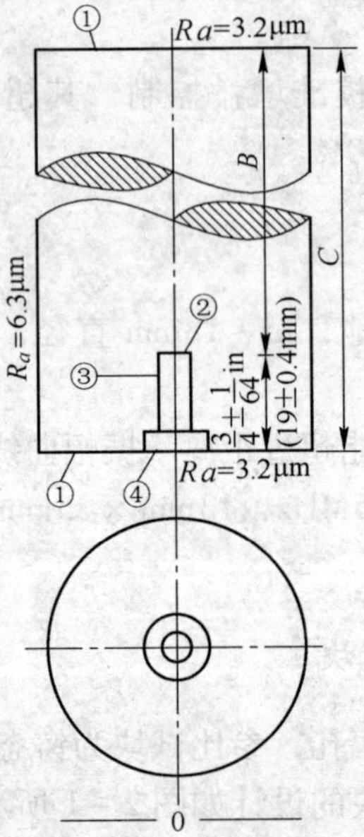

图 2－1 参比试块

① —基准试块应该平整而且平行度要在 0.025mm 以内；

② —底部平底孔平整度在 0.0051mm，精整直径为 6.4＋0.050mm；

③ —孔必须是垂直于表面在 0°30′以内，并且轴向偏离在 0.80mm 以内；

④ —埋头孔直径 15mm，深 5mm

当检测的试块超过 380mm，需附加最大厚度的参比试块。机加工后的参比试块底孔直径为 2.4mm，其深度分别为：3mm、13mm，或者 1/2t、19mm、3/4t（t 为参比试块的厚度），详见图 2－2。采用此参比试块可以建立 DAC 曲线。

图 2－2 试块要求声束入射面的粗糙度为 6.3μm；2.4mm 平底孔平整度为 0.05mm；孔径误差为＋0.13mm；孔轴向垂直于试块误差为 0°30′。

2.1.3 检测人员的条件

UT 检测人员应由制造单位授权，并熟悉如下技能：

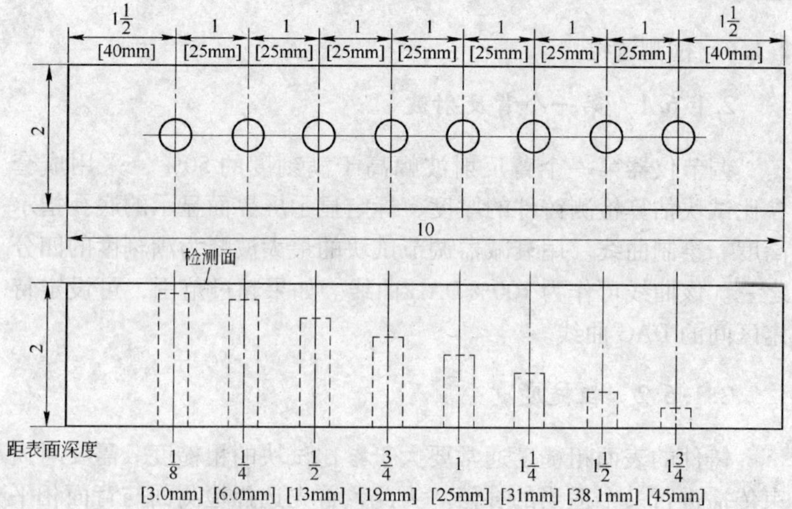

图 2－2 双晶探头参比试块

（1）超声波知识。

（2）仪器标定。

（3）超声探头振子材料、规格、频率及检测的模式。

（4）检测材料（晶粒度、钢纯净度）对超声检测结果影响。

（5）探测距离效应。

（6）不连续缺陷的取向与厚度对检测结果的影响。

（7）检测材料检测表面对结果的影响。

（8）UT 检测人员的资质须由供需双方确认。

2.1.4 铸件的条件

探伤之前，铸件至少经过奥氏体化热处理，铸件的检测表面需满足探伤条件。表面可以是铸面、抛丸、打磨或机加工处理。

2.1.5 检测条件

确保检验面完全覆盖，至少探头检测轨迹重叠 10%。扫查速度小于 150mm/s；超声波声束方向垂直于检测面。

2.1.6 检测过程

2.1.6.1 第一个背反射波

调节仪器第一个背反射波幅高于满刻度的 50%，采用成套参比试块估算检测铸件的厚度，标定显示屏界面显示的底孔指示高度。绘制曲线。用衰减器调节试块的最大波峰为满刻度的四分之三。该曲线可作为 100% DAC 曲线。如果超过范围，可设定特定区间的 DAC 曲线。

2.1.6.2 粗糙度

铸件的表面粗糙度通常要大于参比试块的粗糙度。需要对声束传播进行一个适当的补偿。为此，首先选择检测面与背面相平行的区域，且检测面的条件与区域检测面的条件相同。随后选取厚度为 *C*（详见图 2－1）的检验试块，通过该试块的回波幅尽可能与参比试块相匹配。探头置于铸件检测点，调节增益使铸件的背反射波幅与检验块的波幅相匹配。

检测铸件的灵敏度可控制在 ±30% 区间内，或小于试块给出的灵敏度。

2.1.6.3 扫查过程

铸件扫查过程中，标定期间除了补偿或标定增益控制之外，需固定仪器控制参数。检测期间需定期标定，利用试块的 6.4mm 孔的回波进行检定。

注：在扫查过程中可使用衰减或增益改变信号的波幅，但信号评估时，需在初始设定的状态下完成。

2.1.6.4 复检

在扫查铸件平行面、复检过程中，若由于探头与检测面接触不良、耦合剂缺少、不连续缺陷取向偏离检测等因素导致背反射波幅减小至75%以下，可认为该区域出现问题，可做进一步的检查。

2.1.7 检测报告

（1）报告应包括缺陷的数目、位置、波幅与非线性边界的区域。探头测得的所有指示性缺陷都应该等于或大于相应100% DAC值。

（2）报告包括有疑问的区域，即由于探头与检测面接触不良、耦合剂缺少、不连续缺陷取向偏离检测等因素导致背反射波幅减小至75%以下，可认为该区域出现问题。

（3）报告包括扫查频率、仪器类型、探头型号、耦合剂、产品编号、合同号、日期及签字等信息。

（4）铸件简图，包括所有由于几何因素不能扫查区域的尺寸，指示性缺陷的尺寸与部位。

2.1.8 铸件的验收

由于铸件尺寸、形状、化学成分、冶炼工艺、铸造工艺及其应用的目的等诸因素的不同，普遍适合的探伤的合格标准是无法确定的。

验收合格标准取决于供需双方的协议。基本合格条件如下：

（1）无指示性缺陷等于或大于DAC相应区域，详见表2-5的质量级别规定。

表2-5 不合格级别

探伤等级	面积/in^2[cm^2]	长度(最大值)/in[cm]
1	0.8 [5]	1.5 [40]
2	1.5 [10]	2.2 [55]
3	3 [20]	3.0 [75]
4	5 [30]	3.9 [100]
5	8 [50]	4.8 [120]
6	12 [80]	6.0 [150]
7	16 [100]	6.9 [175]

（2）无不连续缺陷波超过满刻度的75%。

（3）指示性缺陷产生连续回波等于或大于DAC，未超出所显示的最大长度。

表2－5中铸件缺陷区域为检测面的连续指示性缺陷超过参比背反射波连续损失等于或大于满刻度的75%；缺陷的区域边界为探头的中心；对于特定的铸件，由于其较长的检测距离或检测面具有一定的曲度，检测的不连续指示性缺陷或大于或小于实际的缺陷。在此情形下，绘制一个简图表述超声束的发散探伤更具有实际意义。

2.1.9 背反射波标定程序

2.1.9.1 设备

设备的检定周期为6个月。基本参数为：垂直和水平线性，灵敏度与精度，需满足ASTM E317标准（详见第1章）。

探头：晶体直径不大于32mm，或面积不大于645mm^2。

振子：有机薄膜（urethane，membrane，neoprene），厚度为0.64mm。

也可采用其他类型探头。

耦合剂：适宜的液体耦合剂，如SAE30机油。

参比试块：详见图2－3。该试块为标定仪器，及检测机加工后表面与铸件表面。

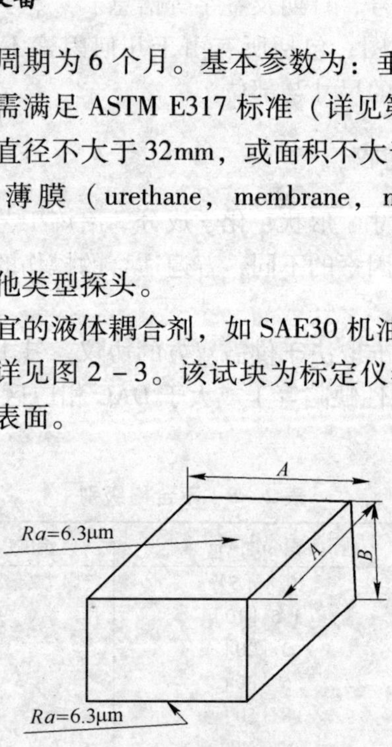

图2－3 参比试块

2.1.9.2 超声波探伤仪

（1）脉冲反射式，频率为1～5MHz。线性不大于5%，至少在40mm范围内扫至峰值。

（2）信号衰减控制（精确值±10%）；时间修正，具有信号-距离延迟补偿。

2.1.9.3 探伤准备

（1）检测时间：最终超声波探伤检查应该在奥氏体热处理及机加工之后。为了节省生产时间，验收检测可以在机加工之前完成，也可在焊补后热处理之前进行焊补部位探伤。

（2）表面精加工后，符合探伤的粗糙度为6.3μm。

（3）铸件表面，不得有铁锈、机加工或磨削粒子、过厚的油漆层、灰尘或其他影响探伤的物质。

2.1.10 标定

2.1.10.1 参比试块

参比试块材料的厚度需超声检测。对于小于或等于75mm材料，使用一组3个试块：13mm、50mm、125mm。详见图2-3的尺寸。对于大于75mm的材料，则需要一组3个试块：50mm、125mm、250mm。详见图2-3。

2.1.10.2 探头的标定

对于以上所述材料的检测，可采用如下探头：

（1）等于或小于75mm厚的材料，采用2.25MHz，晶体直径为13mm的探头。

（2）大于75mm厚的材料，采用2.25MHz，晶体直径为25mm的探头。

2.1.11 标定过程

（1）选取特定频率，选取reject控制键在“OFF”位置。

（2）探头置于检测面，检测材料的厚度，并采用扫描控制粗调背反射信号。对于初始信号不能高于3/4。

（3）将探头置于一组3个试块中最小的试块上，调节增益使背反射信号高度达40mm。在显示屏上绘出一条线，平行于该扫描线，且通过该峰。

（4）用探头在3个参比块上测定，并调整距离－波幅高度达40mm。

（5）调节3个参比块，确定背反射信号高度达40mm。

（6）在显示屏上平行于扫描线在13mm处绘出一条曲线，这条线为不连续缺陷的参比线。

（7）对于机加工后的铸件表面，调节增益使其背反射波高度达到40mm，利用标定补偿增加三倍的检查灵敏度（10dB增益）。

（8）对于铸件表面，需要表面平滑且内外表面相互平行，当表面符合探伤条件时，可调节仪器的增益使其背反射波高度为40mm，增加6倍检测灵敏度（16dB）。

2.1.12 扫查

扫描按表格（300mm×300mm），或类似的格式扫查。铸件上可以绘出其模板确定格子数，并在其右上角标出数目。不同格子具有不同的质量级别。

（1）扫查时，探头的工作直径重叠10%。

（2）所有表面需要探伤时，其相对面应该进行检查。

2.1.13 验收标准

当指示性缺陷波幅大于13mm时，即机加工面波幅的3倍或铸面的6倍。指示性缺陷的边缘应该在铸件的表面标定出来。其超声信号等于参比波幅的一半位置，峰高为6mm。

描绘出指示性缺陷，用一条线圈画出缺陷区域的边界。绘制长方形或规则形状多边形的指示性缺陷边界，以便计算。无需所有缺陷区域的指示性波幅超过参比线。在缺陷的某些部位，指示性缺陷波幅可以小于参比线，但仍然存在一个连续的指示性缺陷。

（1）线性缺陷：线性指示性缺陷为其长度等于或大于其宽度的三倍，如撕裂。细条状缺陷，如夹渣，都可被清除。

（2）非线性指示性缺陷。

单个缺陷，其指示性缺陷间的彼此距离大于较大缺陷的尺寸。其等级不超过表 2－6 所示。

表 2－6　单一指示性缺陷的质量等级

探伤等级	非线性缺陷面积（最大值）/in^2 [cm^2]	缺陷位置
1	0	E
2	1 [6]	E
3	1 [6] 2 [13]	O C
4	3 [19]	E
5	3 [19] 5 [32]	O C
6	5 [32]	E
7	5 [32] 7 [45]	O C
8	7 [45]	E
9	7 [45] 9 [58]	O C
10	9 [58]	E
11	9 [58] 11 [71]	O C

密集型缺陷，其质量等级详见表 2－7。两个或两个以上缺

陷置于25mm的立方空间内。缺陷之间的距离小于最大指示性缺陷的最小尺寸。密集型缺陷需要焊补。两个密集型缺陷的距离一定要大于二者中最大的指示性缺陷的最小尺寸。否则，其密集型缺陷中应该去除最大单一指示性缺陷。

表2-7 密集型缺陷质量等级

质量等级	非线性缺陷面积（最大值）/in^2[cm^2]	缺陷应被区分的最小面积/in^2[cm^2]
1	0	0
2~3	2 [13]	36 [232]
4~5	4 [26]	36 [232]
6~7	6 [39]	36 [232]
8~9	8 [52]	36 [232]
10~11	10 [64]	36 [232]

当背反射波小于75%，其缺陷波可能未超过13mm，也可认为不合格。除非弄清其原因。

2.1.14 报告

（1）模板，每一铸件均应该有一个永久性模板。铸件的检测区域与模板对应。

（2）草图，报告应显示出与模板编号区域相对应的指示性缺陷的位置与深度。

草图应包括如下非限制信息：

（1）铸件标号；

（2）合同号；

（3）所使用探头的规格和类型；

（4）检查员名字；

（5）检测日期。

2.1.15 钢铸件的斜探头检测

2.1.15.1 设备

脉冲反射式仪器，频率为0.4~5MHz。

2.1.15.2 探头

角度为30°~75°，频率为0.4~5MHz。

2.1.15.3 参比试块

系列试块详见图2-4。

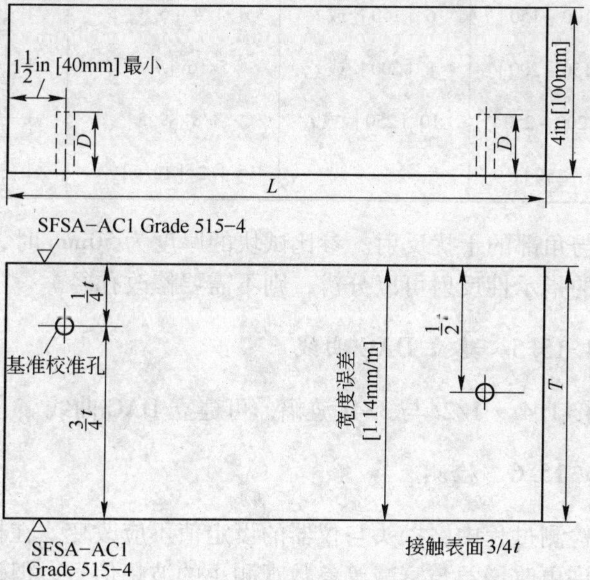

图2-4 斜探头扫查参比试块

L—参比试块长度；*T*—参比试块的厚度；*D*—钻孔的深度；

t—名义上的产品材料的厚度

2.1.15.4 参比试块标定

参比试块的尺寸详见表2-8。

表2-8中，标块的尺寸，每增加50mm，孔径增加1.6mm。当试块的厚度大于75mm时，孔到试块端部的距离应为1/2*T*，以

表2-8 参比试块的尺寸

产品表面理论厚度 t/in [mm]	基准试块厚度 T /in [mm]	孔直径 d/in ± 0.002 [mm ±0.05]	最小深度 D /in [mm]
≤1 [25]	1 [25] 或 t	3/32 [2.4]	$1\frac{1}{2}$ [40]
1~2 [25~50]	2 [50] 或 t	1/8 [3.2]	$1\frac{1}{2}$ [40]
2~4 [50~100]	4 [100] 或 t	3/36 [4.8]	$1\frac{1}{2}$ [40]
4~6 [100~150]	6 [150] 或 t	1/4 [6.3]	$1\frac{1}{2}$ [40]
6~8 [150~200]	8 [200] 或 t	5/16 [7.9]	$1\frac{1}{2}$ [40]
8~10 [200~250]	10 [250] 或 t	3/8 [9.5]	$1\frac{1}{2}$ [40]
>10 [250]	t	1/2 [12.6]	$1\frac{1}{2}$ [40]

防止孔与角部的干扰反射。参比试块的厚度为50mm时，如果角部与孔的指示性反射可以分辨，则不需要修改孔径。

2.1.15.5 建立DAC曲线

连接1/4t、1/2t与3/4t波幅，可建立DAC曲线。

2.1.15.6 检测

在检测过程中，探头与仪器的设定值不应改变。在检测过程中，允许更改增益与衰减等参数观测小的波幅信号，但评级时则需最初始的参数设定状态。

2.1.15.7 报告

最终的检测报告须包括如下信息：

（1）所有指示性缺陷的数量、位置、波幅大小，以及距离-波幅曲线大于100%的区域。

（2）扫查频率、仪器类型、探头的类型与规格、耦合剂、声电转换方式、探伤员的姓名、产品的生产标识、合同号、检测日期及签字。

（3）草图显示：锻件的外观、扫查区域的尺寸、缺陷的部位等。

2.1.15.8 验收合格级别

（1）无缺陷超过表2-6的数值；

（2）无指示性缺陷大于DAC曲线相应值。

2.2 压力容器铸钢件的探伤

正火或回火，或淬火与回火的低合金钢或马氏体不锈钢铸件，用于制作压力容器。

2.2.1 铸件的热处理

最终热处理之前，铸件的热处理制度可参见表2-9。

表2-9 铸件的热处理制度

牌号	等级	奥氏体化温度/℃	媒介	淬火温度/℃	回火温度/℃
1	A	1600［870］	A	450［230］	1100［595］
1	B	1600［870］	L	500［260］	1100［595］
1	C	1600［870］	A或L	500［260］	1150［620］
2	A	1600［870］	A	450［230］	1100［595］
2	B	1600［870］	L	500［260］	1100［595］
2	C	1600［870］	A或L	500［260］	1150［620］
4	A	1600［870］	A或L	500［260］	1100［595］
4	B	1600［870］	L	500［260］	1100［595］
4	C	1600［870］	A或L	500［260］	1150［620］
4	D	1600［870］	L	500［260］	1150［620］
4	E	1600［870］	L	500［260］	1100［595］
6	A	1550［845］	A	500［260］	1100［595］
6	B	1550［845］	L	500［260］	1100［595］
7	A	1660［900］	L	600［315］	1100［595］
8	A	1750［955］	A	500［260］	1250［675］
8	B	1750［955］	L	500［260］	1250［675］
8	C	1750［955］	L	500［260］	1250［675］

续表 2-9

牌　号	等级	奥氏体化温度/℃	媒介	淬火温度/℃	回火温度/℃
9	A	1600 [870]	A 或 L	500 [260]	1100 [595]
9	B	1600 [870]	L	500 [260]	1100 [595]
9	C	1600 [870]	A 或 L	500 [260]	1150 [620]
9	D	1600 [870]	L	500 [260]	1150 [620]
9	E	1600 [870]	L	500 [260]	1100 [595]
10	A	1560 [845]	A	500 [260]	1100 [595]
10	B	1560 [845]	L	500 [260]	1100 [595]
11	A	1650 [900]	A	600 [315]	1100 [595]
11	B	1650 [900]	L	600 [315]	1100 [595]
12	A	1750 [955]	A	600 [315]	1100 [595]
12	B	1750 [955]	L	400 [205]	1100 [595]
13	A	1550 [845]	A	500 [260]	1100 [595]
13	B	1550 [845]	L	500 [260]	1100 [595]
14	A	1560 [845]	L	500 [260]	1100 [595]
16(J31200)	A	1600 [870]①	A	600 [315]	1100 [595]
CA15	A	1750 [955]	A 或 L	400 [205]	900 [480]
CA15	B	1750 [955]	A 或 L	400 [205]	1100 [595]
CA15	C	1750 [955]	A 或 L	400 [205]	1150 [620]②③
CA15	D	1750 [955]	A 或 L	400 [205]	1150 [620]②③
CA15M	A	1750 [955]	A 或 L	400 [205]	1100 [595]
CA6NM	A	1850 [1010]	A 或 L	200 [95]	1050~1150 [565~620]
CA6NM	B	1850 [1010]	A 或 L	200 [95]	1225~1275 [665~690]③④ 1050~1150 [565~620]⑤

注：1. A—大气，L—液体；

2. 除非定义范围，否则是最低温度。

① 双奥氏体化；

② 低于中间回火温度的最终回火，即双回火；

③ 第一次回火后在95℃以下的空冷；

④ 中间热处理；

⑤ 最终热处理。

铸钢的化学成分见表 2-10，不锈钢成品分析见表 2-11。元素含量的误差见表 2-12。

表 2－10 铸钢的化学成分

等级	1	2	4	6	7	8	9	10
类型	ABC 钒	ABC 锰钼	ABCDE镍铬钼	AB 锰镍铬钼	A 镍铬钼钒①	ABC 铬钼	ABCDE 铬钼	AB 镍铬钼
钙	0. 30	0. 30	0. 30	0. 05 ~0. 38	0. 05 ~0. 20	0. 05 ~0. 20	0. 05 ~0. 33	0. 30
锰	1. 00	1. 00 ~1. 40	1. 00	1. 30 ~1. 70	0. 60 ~1. 00	0. 50 ~0. 90	0. 60 ~1. 00	0. 60 ~1. 00
磷	0. 04	0. 04	0. 04	0. 04	0. 04	0. 04	0. 04	0. 04
硫	0. 045	0. 045	0. 045	0. 045	0. 045	0. 045	0. 045	0. 045
硅	0. 80	0. 80	0. 80	0. 80	0. 80	0. 80	0. 80	0. 80
镍	—	—	0. 40 ~0. 80	0. 40 ~0. 80	0. 70 ~1. 00	—	—	1. 40 ~2. 00
铬	—	—	0. 40 ~0. 80	0. 40 ~0. 80	0. 40 ~0. 80	2. 00 ~2. 75	0. 75 ~1. 10	0. 55 ~0. 90
钼	—	0. 10 ~0. 30	0. 15 ~0. 30	0. 30 ~0. 40	0. 40 ~0. 60	0. 90 ~1. 10	0. 15 ~0. 30	0. 20 ~0. 40
钒	0. 04 ~0. 12	—	—	—	0. 03 ~0. 10	—	—	—
硼	—	—	—	—	0. 002 ~0. 006	—	—	—
铜	—	—	—	—	0. 15 ~0. 50	—	—	—
残余元素	—	—	—	—	—	—	—	—
铜	0. 50	0. 50	0. 50	0. 50	0. 50	0. 50	0. 50	0. 50
镍	0. 50	0. 50	—	—	—	—	0. 50	—
铬	0. 35	0. 35	—	—	—	—	—	—
钼	0. 25	—	—	—	—	—	—	—
钨	—	0. 10	0. 10	0. 10	0. 10	0. 10	0. 10	0. 10
钒	—	0. 03	0. 03	0. 03	—	0. 03	0. 03	0. 03
残余元素总含量	1. 00	1. 00	0. 60	0. 60	0. 60	0. 60	1. 00	0. 60

续表 2-10

等级	11	12	13	14	16	CA15	CA15M	CA6NM
类型	AB 镍铬钼	AB 镍铬钼	AB 镍钼	A 镍钼	A 低碳锰镍	ABCD 马氏体铬	A 马氏体铬	AB 马氏体铬镍
钙	0.05~0.20	0.05~0.20	0.30	0.55	0.12②	0.15	0.15	0.06
锰	0.50~0.80	0.40~0.70	0.80~1.10	0.80~1.10	2.10②	1.00	1.00	1.00
磷	0.04	0.04	0.04	0.04	0.02	0.040	0.040	0.04
硫	0.045	0.045	0.045	0.045	0.02	0.040	0.040	0.03
硅	0.60	0.60	0.60	0.60	0.50	1.50	0.65	1.00
镍	0.70~1.10	0.60~1.00	1.40~1.75	1.40~1.75	1.00~1.40	1.00	1.0	3.5~4.5
铬	0.50~0.80	0.50~0.90	—	—	—	11.5~14.0	11.5~14.0	11.5~14.0
钼	0.45~0.65	0.90~1.20	0.20~0.30	0.20~0.30	—	0.50	0.15~1.0	0.4~1.0
钒	—	—	—	—	—	—	—	—
硼	—	—	—	—	—	—	—	—
铜	—	—	—	—	—	—	—	—
残余元素	—	—	0.50	0.50	0.20	0.50	0.50	0.50
铜	0.50	0.50	—	—	—	—	—	—
镍	—	—	0.40	0.40	0.20	—	—	—
铬	—	—	—	—	0.10	—	—	—
钼	—	—	0.10	0.10	0.10	0.10	0.10	0.10
钨	0.10	0.10	0.03	0.03	0.02	0.05	0.05	0.05
钒	0.03	0.03	0.75	0.75	0.50	0.50	0.50	0.50
残余元素总含量	0.50	0.50						

① 专用钢化学成分；

② 每低于最大碳含量0.01%，可增加最大锰含量0.04%，最高可达2.30%。

表 2-11 不锈钢铸件成品分析

分析方法	元素含量/%	元素含量/%	元素含量/%	元素含量/%
X射线荧光分析	Mn 0.005~15.0	Cu 0.005~4.0	Ni 0.01~36.0	Co 0.005~4.0
	P 0.001~0.15	Cb 0.005~3.0	Al 0.002~5.5	Sn 0.002~0.20
	Si 0.005~5.0	V 0.005~2.0	Mo 0.005~8.0	W 0.005~3.0
	Cr 0.01~26.0	Ti 0.005~2.5		
火花发射光谱分析	C 0.004~5.0	V 0.005~2.0	Cr 0.01~26.0	B 0.0005~0.05
	S 0.0005~0.1	Ti 0.005~2.5	Ni 0.01~36.0	Ca 0.0002~0.01
	N_2 0.0020~0.3	Co 0.005~4.0	Al 0.001~5.5	Mg 0.001~0.01
	Mn 0.005~15.0	Sn 0.001~0.20	Mo 0.005~8.0	Ce 0.001~0.2
	P 0.001~1.5	W 0.005~3.0	Cu 0.005~4.0	Zr 0.001~0.1
	Si 0.005~5.0	Pb 0.002~0.05	Cb 0.005~3.0	Ta 0.005~0.5

表 2-12 元素含量的误差

成　分	范围①	容差②③
(C)	0.65%以下 0.65%以上	$0.03\times\%C_L+0.02$ 0.04%
(Mn)	1%以下 1%以上	$0.08\times\%Mn_L+0.01$ 0.09
(Si)	0.60%以下 0.60%以上	$0.22\times\%Si_L-0.01$ 0.15%
(P)	全部	$0.13\times\%P_L+0.005$
(S)	全部	$0.36\times\%S_L+0.001$
(Ni)	2%以下 2%以上	$0.10\times\%Ni_L+0.03$ 0.25%
(Cr)	2%以下 2%以上	$0.07\times\%Cr_L+0.04$ 0.18%
(Mo)	0.6%以下 0.6%以上	$0.04\times\%Mo_L+0.03$ 0.06%

续表 2－12

成 分	范围①	容差②③
(V)	0.25%以下 0.25%以上	$0.23\times\%V_L+0.004$ 0.06%
(W)	0.10%以下 0.10%以上	$0.08\times\%W_L+0.02$ 0.02%
(Cu)	0.15%以下 0.15%以上	$0.18\times\%Cu_L+0.02$ 0.05%

① 由表中右侧偏差方程计算其误差；

② 每行的元素的最大值与最小值代入方程中计算误差的上、下限；

③ 计算允许误差，对于 ASTM A217 所定义的 WC4 钢，其中锰含量范围为：0.50%～0.80%；按照本表计算，其成品分析的最大允许误差为：成品分析的最大锰含量（Mn≤0.5%）为0.50%的误差是：0.05%＝(0.08×0.50＋0.01)%。由此可知，对于WC4级别的铸钢成品分析的锰的含量合格下限为：0.45%。与此相似，当WC4钢，其中锰含量为其上限：锰含量为0.8%时，其允许误差为：0.074%＝(0.08×0.80＋0.01)%；其锰的合格上限含量为0.874%。对于ASTM A216中定义的WCC级别的钢，其锰含量上限为1.2%，若其碳含量为0.20%，则其WCC铸钢的成品分析的锰的合格上限含量为1.29%＝(1.20＋0.09)%。

表2－12中的数据不作为冶炼分析的验收标准。

2.2.2 力学性能

铸钢的力学性能见表2－13。

表2－13 铸钢件的力学性能

	牌号	等级	抗拉强度①/ksi (MPa)	屈服强度/ksi(MPa)	伸长量/%	面缩率/%	硬度HB	最大厚度/in (mm)
1N	1	A	85(585)～110(760)	55(380)	22	40		
1Q	1	B	90(620)～115(795)	65(450)	22	45		
	1	C	90(620)	65(450)	22	45	22(235)	
2N	2	A	85(585)～110(760)	53(365)	22	35		

续表 2-13

	牌号	等级	抗拉强度① /ksi(MPa)	屈服强度 /ksi(MPa)	伸长量 /%	面缩率 /%	硬度 HB	最大厚度 /in (mm)
2Q	2	B	90(620)~115(795)	65(450)	22	40		
	2	C	90(620)	65(450)	22	40	22(235)	
4N	4	A	90(620)~115(795)	60(415)	18	40		
4Q	4	B	105(725)~130(895)	85(585)	17	35		
	4	C	90(620)	60(415)	18	35	22(235)	
	4	D	100(690)	75(515)	17	35	22(235)	
4QA	4	E	115(795)	95(655)	15	35		
6N	6	A	115(795)	80(550)	18	30		
6Q	6	B	120(825)	95(655)	12	25		
7Q	7	A	115(795)	100(690)	15	30		2.5 (63.5)
8N	8	A	85(585)~110(760)	55(380)	20	35		
8Q	8	B	105(725)	85(585)	17	30		
	8	C	100(690)	75(515)	17	35	22(235)	
9N	9	A	90(620)	60(415)	18	35		
9Q	9	B	105(725)	85(585)	16	35		
	9	C	90(620)	60(415)	18	35	22(235)	
	9	D	100(690)	75(515)	17	35	22(235)	
	9	E	115(795)	95(655)	15	35		
10N	10	A	100(690)	70(485)	18	35		
10Q	10	B	125(860)	100(690)	15	35		
11N	11	A	70(484)~95(655)	40(275)	20	35		
11Q	11	B	105(725)~130(895)	85(585)	17	35		
12N	12	A	70(485)~95(655)	40(275)	20	35		
12Q	12	B	105(725)~130(895)	85(585)	17	35		
13N	13	A	90(620)~115(795)	60(415)	18	35		
13Q	13	B	105(725)~130(895)	85(585)	17	35		
14Q	14	A	120(825)~145(1000)	95(655)	14	30		
16N	16 (J31200)	A	70(485)~95(655)	40(275)	22	35		
CA15A	CA15	A	140(965)~170(1170)	110(760)~130(895)	10	25		

续表 2-13

	牌号	等级	抗拉强度①/ksi(MPa)	屈服强度/ksi(MPa)	伸长量/%	面缩率/%	硬度 HB	最大厚度/in(mm)
CA15	CA15	B	90(620)~115(795)	65(450)	18	30		
	CA15	C	90(620)	60(415)	18	35	22(235)	
	CA15	D	100(690)	75(515)	17	35	22(235)	
CA15M	CA15M	A	90(620)~115(795)	65(450)	18	30		
CA6NM	CA6NM	A	110(760)~135(930)	80(550)	15	35		
CA6NM	CA6NM	B	100(690)	75(515)	17	35	23(255)②	

① 最小值 ksi。ksi 为机械强度单位，为英制单位。1ksi = 6.895MPa；

② 试验方法见 ASTM A370。但 CA6NM 除外，其试块的选取可参照 ASTM STP756。

(1) 试棒需要相同炉号的钢水浇注成特定的形状。精铸的试样可在相同类型的模具中浇注。

(2) 试棒应与铸件的热处理过程完全相同。生产者也可在铸件上切割一块试样来替代试棒。

(3) 精铸件的 ICI 试棒见图 2-5。

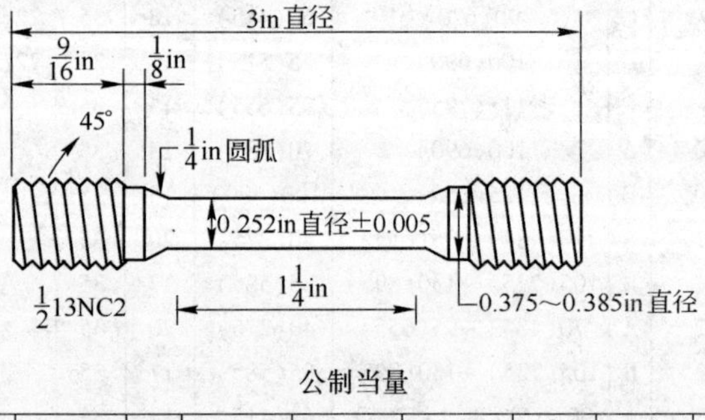

公制当量

in	0.005	$\frac{1}{8}$	0.252	0.375	0.385	$\frac{9}{16}$	$1\frac{1}{4}$	3
[mm]	[0.15]	[3]	[6.40]	[9.50]	[9.75]	[15]	[30]	[75]

图 2-5 ICI 试棒的规格

所有的力学性能试验均符合 ASTM A370《Standard Test Methods and Definitions for Mechanical Testing of Steel Products》。

力学性能试块可参照图 2－6，图 2－7 以及图 2－8 的规格制作。图 2－6 为铸件标准试块的基本要求。

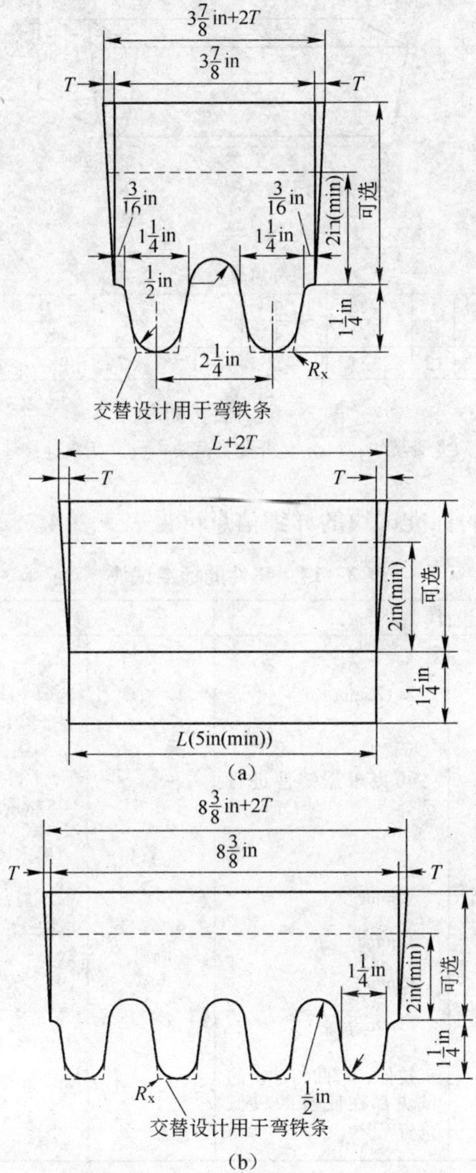

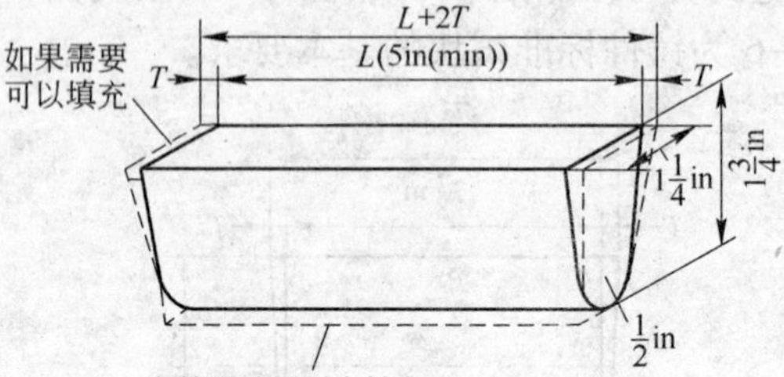

（c）

等价度量

in	$\frac{3}{16}$	$\frac{1}{2}$	$1\frac{1}{4}$	$1\frac{3}{4}$	2	$2\frac{1}{4}$	$3\frac{7}{8}$	5	$8\frac{3}{8}$
mm	4.8	13	32	45	51	57	98	127	213

图 2-6　铸件试块

（a）双龙骨试块；（b）复合龙骨试块；（c）用来连接坯子

图 2-6 的标准试块的详细信息可见表 2-14。

表 2-14　铸件的标准试块

底脚设计（125mm）		冒口设计	
1. （长度）	≥125mm	1. 长度	冒口的长度可以与地脚相同，其取决相对于冒口试块的数量
2. 底脚	可以根据铸件进行选择	2. 宽度	冒口的宽度为 15～57mm
		3. 冒口	根据铸件进行选择
3. 高度	32mm	4. 冒口高度	≥51mm，最大高度取决于：（1）冒口的数目；（2）钢的组织；（3）铸件的浇注温度
4. 宽度(顶部)	32mm①		
5. 半径	13mm		
6. 底脚间距	13mm 半径		
7. 试棒的位置	拉伸，弯曲与冲击的试块都在底脚的较低位置②		

续表2-14

底脚设计（125mm）		冒口设计
8. 底脚的数量	取决于第6条的限制	
9. Rs	0~2mm	

① 图2-6所表述的样件为大型铸件的试块，是铸件附加标准试块的具体要求（对应图2-6），当然，该铸件的横截面积与长度可根据需要进行更改；

② 弯曲试棒，若需要弯曲试棒，可选择虚线表示（见图2-6）。

每一炉都需做拉伸试验，试棒与铸件的炉号相同。可以浇注特殊的试块。拉伸试样的处理过程与铸件的工艺路线相同。试料可以取自铸件。以代替铸造的标准试块。拉伸试块的形状也可表述为图2-7。

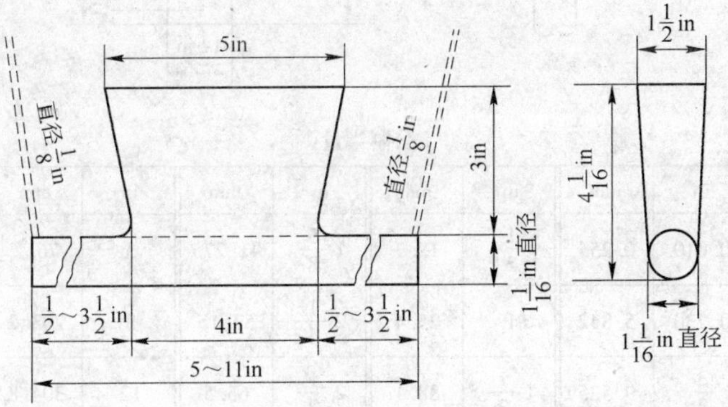

公制当量

in	mm	in	mm	in	mm	in	mm	in	mm
$\frac{1}{8}$	3.2	$1\frac{1}{16}$	27.0	3	76.2	4	101.6	5	127.0
$\frac{1}{2}$	12.7	$1\frac{1}{2}$	38.1	$3\frac{1}{2}$	88.9	$4\frac{1}{16}$	103.2	11	279.4

图2-7 用于拉伸试样的试块

对于奥氏体合金的铸件，当其横截面小于63.5mm，其试样需要车床或磨床加工。其试块的规格见图2-8。

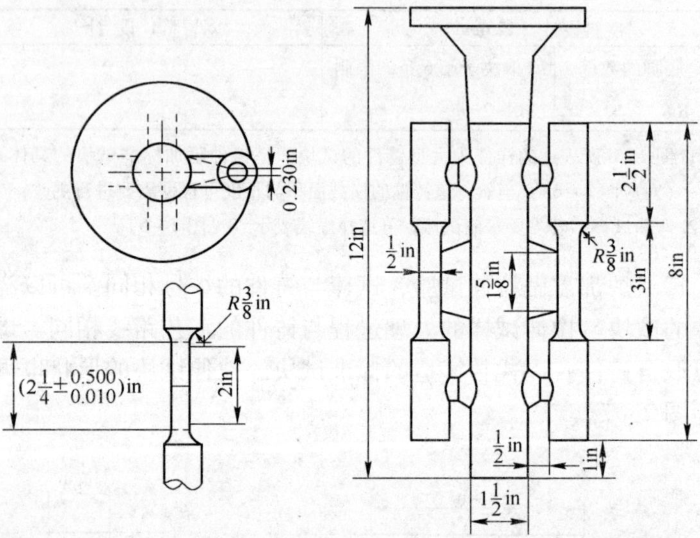

公制当量

in	mm	in	mm	in	mm	in	mm
0. 010	0. 254	$\frac{1}{2}$	12. 7	$1\frac{5}{8}$	41. 275	3	76. 2
0. 230	5. 842	1	25. 4	$2\frac{1}{4}$	57. 15	8	203. 2
$\frac{3}{8}$	9. 525	$1\frac{1}{2}$	38. 1	$2\frac{1}{2}$	63. 5	12	304. 8

图 2－8 拉伸试样的试块的规格

（试块仅适用于奥氏体合金，浇注前，模具需要预热）

2. 2. 3 铸件的超声探伤

铸件内部缺陷的探伤标准可采用 ASTM A609，铸件至少是在经过临界温度以上热处理以后探伤。

3　结构件焊缝探伤——焊缝的接触法探伤

A 扫描方式检测锻件的焊缝，但不包括特殊几何形状位置的焊缝，如角部焊接与点焊接。一般焊缝的厚度为 6. 4 ~ 203mm，可提供焊缝与热影响区的内部与表面的缺陷指示。

本标准尤其对垂直于声束方向的二维缺陷敏感，但对于疏松与夹渣等不连续缺陷指示必须设定临界判据。

3. 1　探头

由检测条件的不同选用探头。检测发生变化的有：焊缝的厚度、检测面的条件、最大允许裂纹的尺寸、裂纹的取向以及检测焊缝基体的声学性质，并要考虑纵波与剪切波波长对检测材料的影响。

直探头与斜探头的声波频率：1. 0 ~ 5. 0MHz；

晶体尺寸：圆直径，6. 4 ~ 25. 4mm；正方边长，6. 4 ~ 28. 6mm。

3. 2　检测规范

检测有两种方法：极（polar）坐标与直角（rectangular）坐标法。

极图法：需要测量探头/工作界面声束的中心线以及试块内声束的角度。沿着声束的方向标定仪器的扫查。检测的信息采用图解的方式表达为反射位置的深度与位置。

直角坐标法：需要检测探头前方反射的部位。仪器对深度的标定。可提供距离 - 振幅曲线。检测信息可以直接反映反射的深度与部位。

3. 3　参比试块

IIW 型参比试块可用来检查与标定超声波仪器。其可满足

ISO 2400 标准的要求。IIW 型参比试块可作为斜探头的参比试块，也可作为直探头的精确度与灵敏度的检查试块。

只有完全满足 ISO2400 标准要求，方可作为 IIW 参比试块。

IIW－Ⅰ型仅满足标准，而 IIW－Ⅱ是为了 ISO 专用小型斜探头。距离标定等半径反射弧面。90°弧用于距离标定。距离标定在方形槽（深度1%～3%）斜角趋近60°时，试块方形刻槽全反射会出现错误结果，因此四方角不能用来做距离焊缝扫查，可用侧孔进行距离、波幅以及深度的标定。范例见图 3－1。

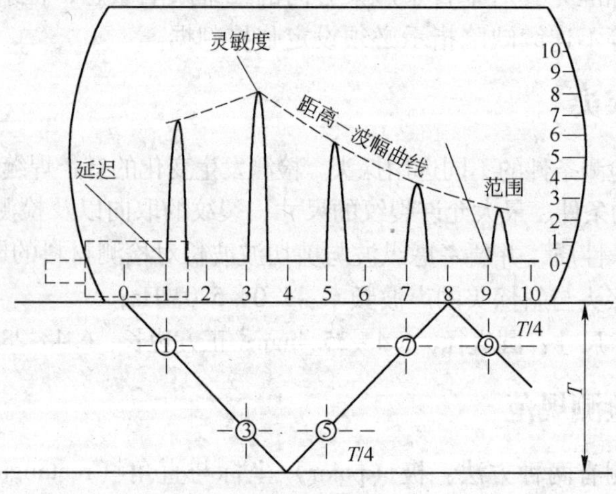

图 3－1　侧孔

移动探头，使声束通过1/8，3/8，5/8，7/8 与9/8 V 形光径。调节延迟，显示并确定其峰位。调节灵敏度，1，3，7 指示中最高的峰，其峰值为满刻度的 80%。在该灵敏度条件下，标定其 5 个反射峰的值。连接该五点即成距离－波峰（DA）曲线。在 4 与 8 位可观测到侧孔到表面的角反射。这两点不能作为 DA 曲线数据。测定反射峰的位置。由于已知孔的深度，因此 DA 曲线可以用来标定未知反射峰的位置、深度与相关尺寸。

3.4 灵敏度-波幅标定

灵敏度-波幅标定的目的是使用斜探头扫查时灵敏度不应随角度变化。侧孔平行于板的主面，且垂直于声束、扫查角的平底孔及等径反射面。表面刻槽在某些条件下也可位于端部。参照反射详见表3-1。

表3-1 参照反射及其属性

参照反射	属性及限制
侧 孔	易制造与复制，不同角度声束等效反射，然而对于绝大多数临界裂纹尺寸相关性较小
扫查角度的底孔	难加工，所钻的孔需要认可
表面刻槽	方形刻槽模拟表面裂纹，相对于光束角V形半角槽有最大的反射

3.5 耦合条件

待检焊缝的表面，其面积在约为焊缝厚度的几倍范围内不能有飞溅焊渣、氧化皮、灰尘，该范围大小取决于探头的尺寸与声束折射角的数值。当跨焊缝或面对焊缝探伤，可磨平探伤面，探伤面尽量平整。通常无需抛光，用盘式或带式砂轮轻度磨光以满足扫查的要求。

利用斜探头扫查光束受堵的区域应该用直探头进行扫查。对焊缝的扫查指示性缺陷必须给予说明，但给予说明的缺陷不能作为基体材料不合格的依据。

耦合剂通常是液体或半液态物质，能满足探头的声能传输到检查的材料中。耦合剂应该有很好的润湿性，消除探头与待检材料的气体。典型的耦合剂有：水、油、润滑油、丙三醇、纤维树脂等。耦合剂对待测的材料无损害。除水外，应节约使用。当使用丙三醇时，可加入少量润湿剂以优化耦合剂的性质。使用水作为耦合剂，可使用阻化剂与润湿剂。耦合剂的黏度应与检测表面条件相适宜。可借鉴表 3 – 2。

表 3 – 2 不同类别耦合剂与材料表面粗糙度对应表

粗糙度 $Ra/\mu in$	对应耦合剂的黏度
5 ~ 100	SAE 10 wt. 机油
50 ~ 200	SAE 20 wt. 机油
80 ~ 600	甘油
100 ~ 400	SAE 30 wt. 机油

注：1. *Ra* 为轮廓算术平均偏差，就是轮廓内最高点和最低点偏距的绝对值的算术平均值；

2. 1μm（微米）= 39. 37μin。

在扫查过程中，标准试块与待检材料需使用相同的耦合剂，采用相同的温度控制。耦合剂的衰减与楔形材料、检测时温度的高低相关。温度不宜过高或过低。

3. 6 距离 – 波幅校正

使用的标准试块的表面应与待检的合金的表面状态、厚度、热处理等相似。

选择校正的技术提供可信的结果。此外选择的技术与设备需满足 ASTM E164—2003 的要求。

3. 7 反射波的标准化

（1）直探头标准化：采用在 1/4、3/4 厚度位置的侧孔。

对于厚度小于 51mm 的材料，1/4 厚度位置的侧孔可能不起作用。若不起作用，可另在 1/2 厚度处钻孔。

（2）斜探头标准化：可使用 1/4、3/4 厚度位置的侧孔进行校正。1/2 厚度的侧孔适用于厚度小于 25. 4mm 的标准化。

3. 8 方法

距离 – 波幅曲线：本方法适用标准试块表达所扫查的厚度大

小。其他中间试块则用于附加数据。超声波仪器、探头、斜光束的楔形及耦合剂等对测定均有影响。

将最高标准反射波调至显示屏满刻度的80%。扫查其他相同设定条件下的标准反射，并标记下显示屏上的刻度。

将记录的数据在图上或显示屏上绘出深度或厚度相对于显示屏上的刻度百分数的距离–波幅曲线，可采用该曲线估计指示性缺陷波幅。

电子距离–波幅校正：本方法仅适用于电子距离–波幅补偿线路的超声波仪器，所有反射均可校正。扫查所使用仪器、探头、耦合剂等均可补偿校正，即：

（1）设定参比反射最高波幅为显示屏的50%。

（2）采用相同的仪器设置，检测其他距离的反射波幅。

（3）设定不变条件下，扫查其他距离的反射波，将不同厚度参比试样的电子距离–波幅调至显示屏满刻度的50%。相对于该仪器说明表述距离范围的等效尺寸的等效反射波幅。

3.9 扫查过程

3.9.1 常规焊缝的扫查

推荐的扫查过程列于表3–3。

表3–3中推荐的过程可参照图3–2~图3–11。

需特别注意波状表面超声波的入射角与耦合剂的情况，环形焊缝见图3–11与图3–12。

3.9.2 曲线面焊缝的扫查

曲线焊缝的扫查需采用技术12与技术13（详见图3–12与图3–13）。纵向焊缝的扫查则需要技术14与技术15的方式（详见图3–14与图3–15）来完成。

技术12应用时需要注意的是：当焊件的曲面直径小于500mm时，需加工探头鞋，且与焊件的曲率相配。

技术13应用时需要注意的是：当焊件的曲面直径小于

表 3－3 推荐的程序

焊道形式		焊缝厚度									
		小于 12mm		12 ~ 38mm		38 ~ 63mm		63 ~ 127mm		127 ~ 200mm	
		主要	最高 $\frac{1}{4}$	主要	最高 $\frac{1}{4}$	主要	最高 $\frac{1}{4}$	主要	最高 $\frac{1}{4}$	主要	最高 $\frac{1}{4}$
擦光轮：推荐角度/(°)		70	70	70 或 60	45 或 60	70,60 或 45	45 或 60	60 或 45	45 或 60	60 或 45	45
建议技术[①]		1,(2 或 3)	1	1,(2 或 3)	1	1,(2 或 3)	1	1,(2 或 3),4	1	1,(2 或 3),4	1
面	A 面[②]：推荐角度/(°)	70		70 或 60		70,60 或 45		60 或 45		45	
	建议技术	5		5		5		5,4		5,4	
	B 面[②]：推荐角度/(°)	70		70 或 60		70,60 或 45		60 或 45		45	
	建议技术	5		5		5		5,4		5,4	
	C 面[②]：推荐角度/(°)	直角,70		直角,(70 或 45)		直角,45		直角,45		直角,45	
	建议技术	6,7		6,7		6,7		6,7		6,7	
内角	A 面[②]：推荐角度/(°)	70		70 或 60		70,60 或 45		60 或 45		45	
	建议技术	8		8		8		8		8	

续表 3-3

焊道形式		焊缝厚度									
		小于 12mm		12~38mm		38~63mm		63~127mm		127~200mm	
		主要	最高$\frac{1}{4}$	主要	最高$\frac{1}{4}$	主要	最高$\frac{1}{4}$	主要	最高$\frac{1}{4}$	主要	最高$\frac{1}{4}$
内角	B 面③：推荐角度/(°)	70		70 或 60		70,60 或 45		60 或 45		45	
	建议技术	8		8		8		8		8	
	C 面③：推荐角度/(°)	直角		直角		直角		直角		直角	
	建议技术	9		9		9		9		9	
双面角焊缝	A 面④：推荐角度/(°)	45		45		45		45		45	
	建议技术	10,11		10,11		10,11		10,11		10,11	
	B 面④：推荐角度/(°)	45		45		45		45		45	
	建议技术	10,11		10,11		10,11		10,11		10,11	

① 表 3-3 中推荐的过程，可参照图 3-2~图 3-11；
② 图 3-6 中定义了 T 形焊缝的 A、B、C 面；
③ 图 3-9 中定义了焊角的 A、B、C 面；
④ 图 3-11 中定义了焊缝双面拐角的 A、B 面。

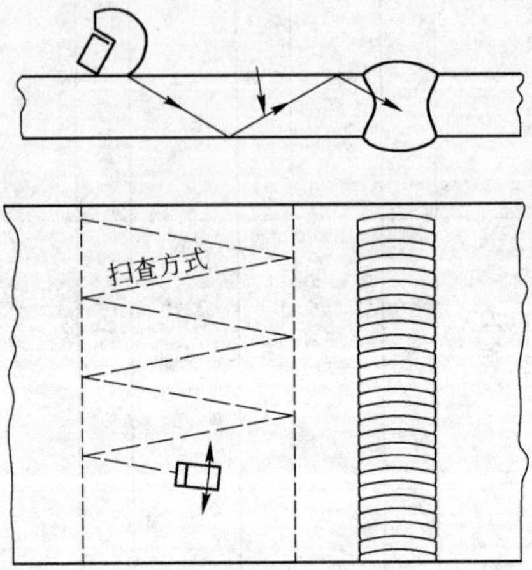

图 3 – 2 对接焊角探头扫查——技术 1

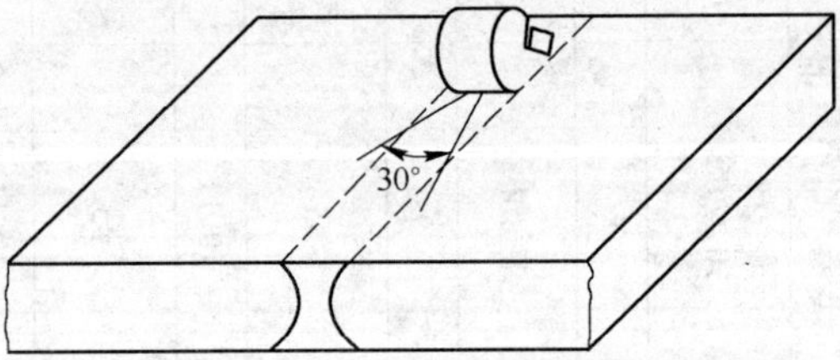

图 3 – 3 焊珠磨平后对接焊缝扫查——技术 2

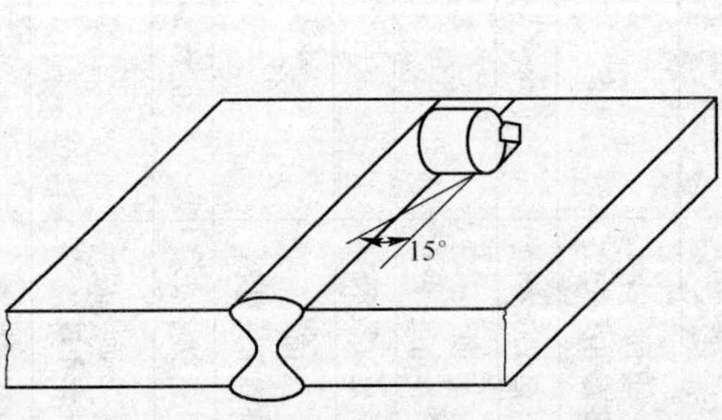

图 3 – 4 焊珠未磨平对接焊缝的扫查——技术 3

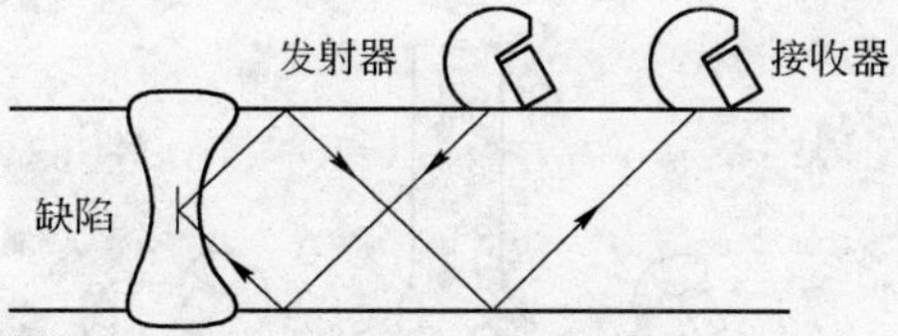

图 3-5 厚焊接件的双探头扫查——技术 4

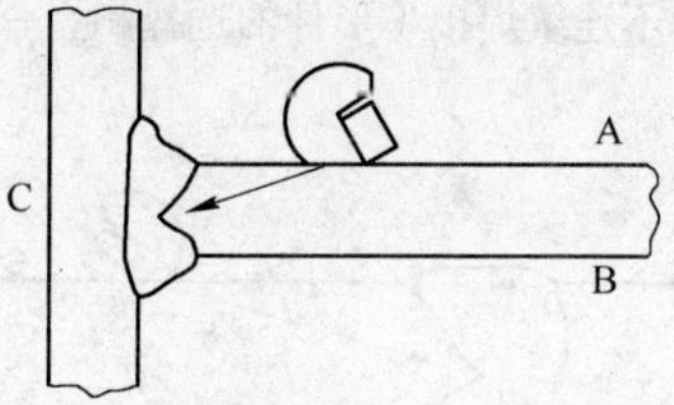

图 3-6 T 形焊件的扫查——技术 5

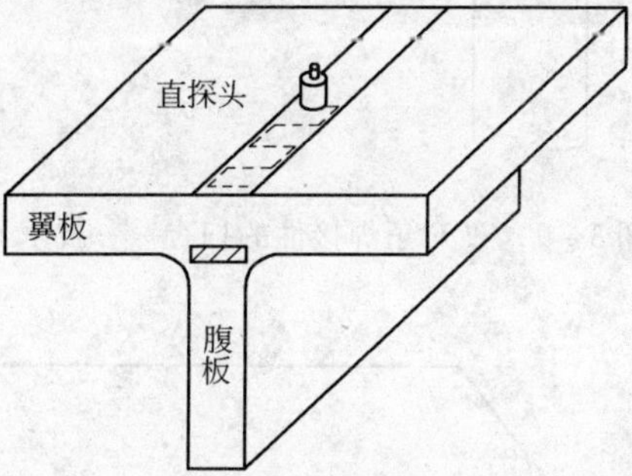

图 3-7 T 形焊件熔化区扫查——技术 6

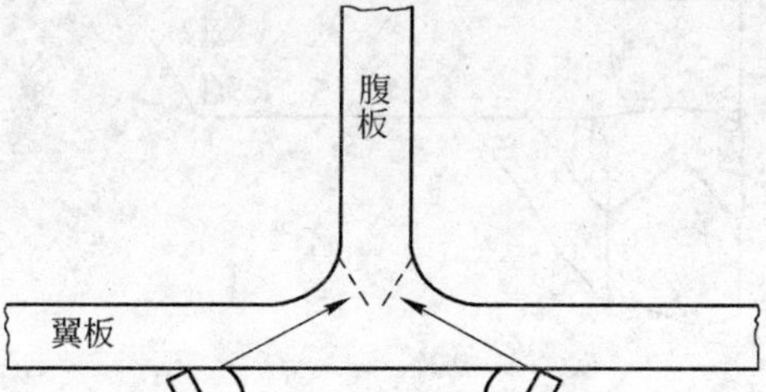

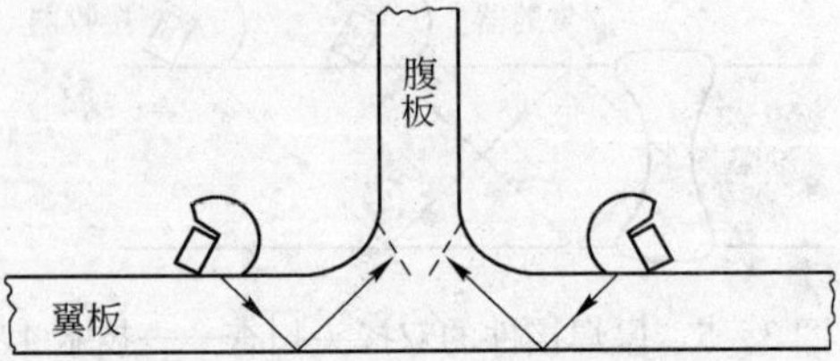

图 3－8　不连续焊接 T 形件的选择扫查——技术 7

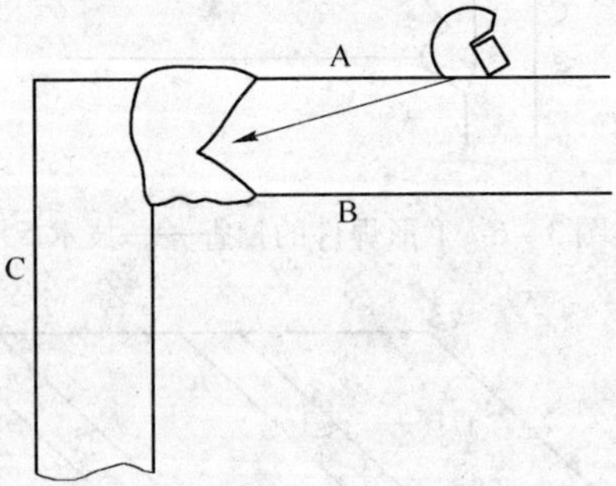

图 3－9　双 V 角焊接件的扫查——技术 8

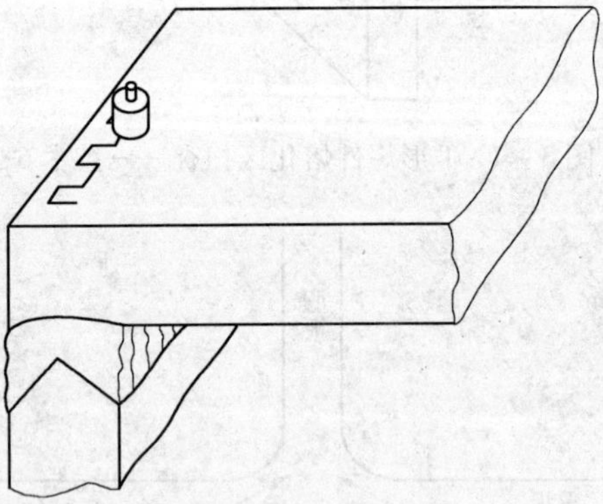

图 3－10　双 V 角焊熔合区扫查——技术 9

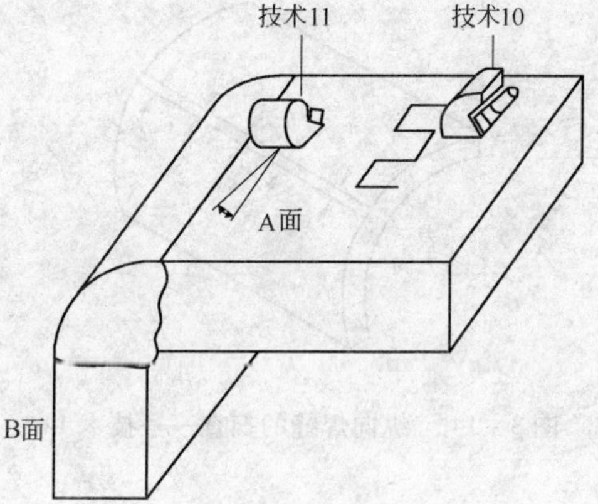

图 3-11 双穿透双面拐角焊缝扫查——技术 10 与技术 11

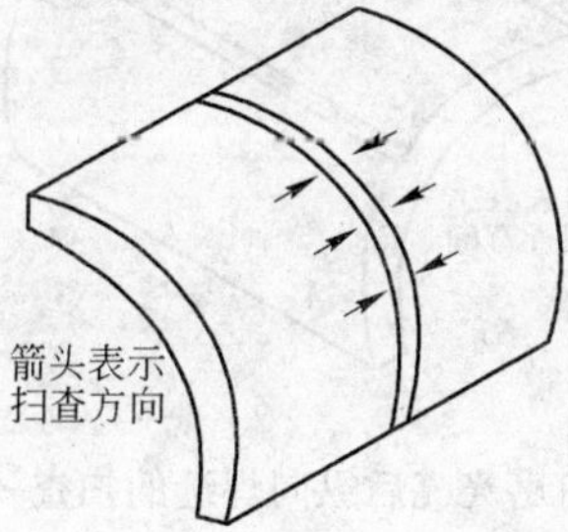

图 3-12 环形焊扫查——技术 12

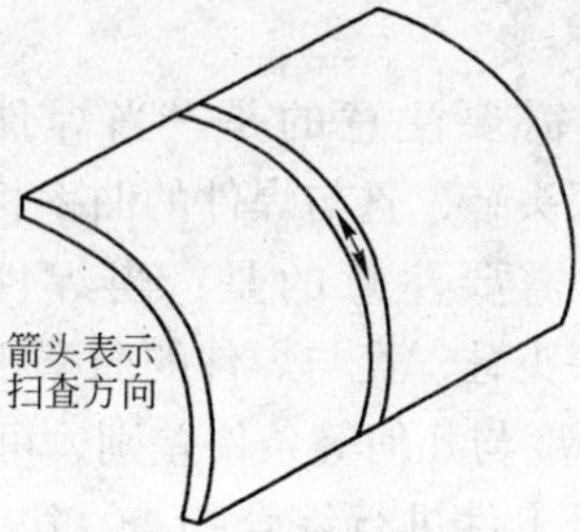

图 3-13 磨平环形焊缝扫查——技术 13

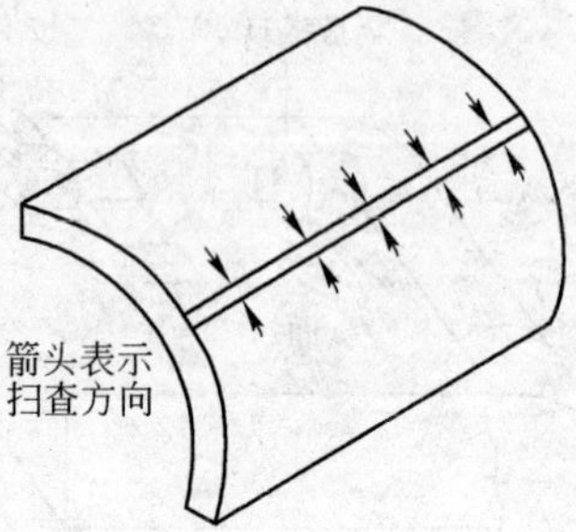

图 3 – 14　纵向焊缝的扫查——技术 14

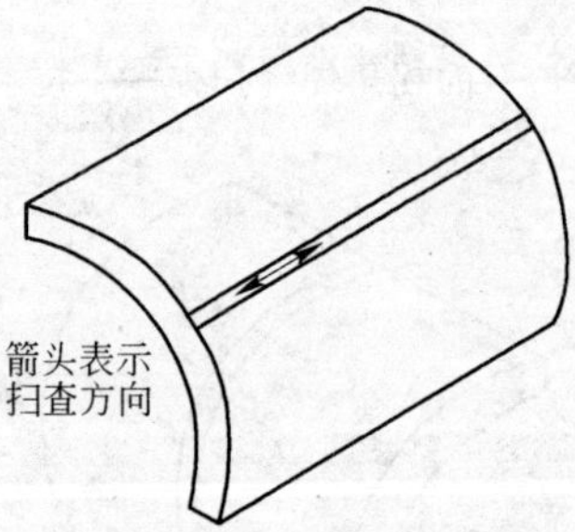

图 3 – 15　打磨光亮后纵向焊缝的扫查——技术 15

500mm 时，需加工探头鞋，且与焊件的曲率相配。

基于焊件的曲率半径与厚度，需得到超声波穿透材料反射最佳条件。

技术 14 应用时需要注意的是：当焊件的曲面直径小于 500mm 时，需加工探头鞋，且与焊件的曲率相配。

技术 15 应用时需要注意的是：当焊件的曲面直径小于 500mm 时，需加工探头鞋，且与焊件的曲率相配。

由于扫查件的厚度与几何等条件差别，可以采用上述的多种扫查技术方式对一个工件进行综合扫查。第一个扫查为初始扫查，而附加的为附加扫查，并加入扫查程序中。

3.10 反射波估计

按照 ASTM E164—2003 要求，背反射的位置可粗略估算出来，详见图 3－16。

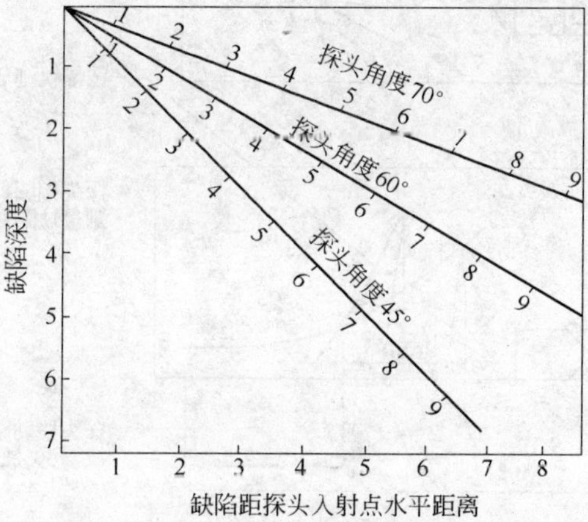

图 3－16 超声指示性缺陷部位图

3.11 反射缺陷的尺寸与取向

3.11.1 几何法

通过测定损失振幅的一半（6dB）的点，测量最小反射体的长度（6.4mm）。移动探头位置测量 ΔSR（改变扫查读数），即损失波的一半（6dB）。ΔSR×100，除以 tSR（厚度扫查读数）可约等于厚度的百分数。这仅仅可以测量探头探到的位置的反射能量所表征的面积。该法适用于声束直径小于指示性缺陷尺寸的情况。详见图 3－17。对于反射区小于声束的情形，可发生显著的错误。

3.11.2 波幅法

波幅可用来测定指示性信号缺陷的差别。波幅评估是基于实

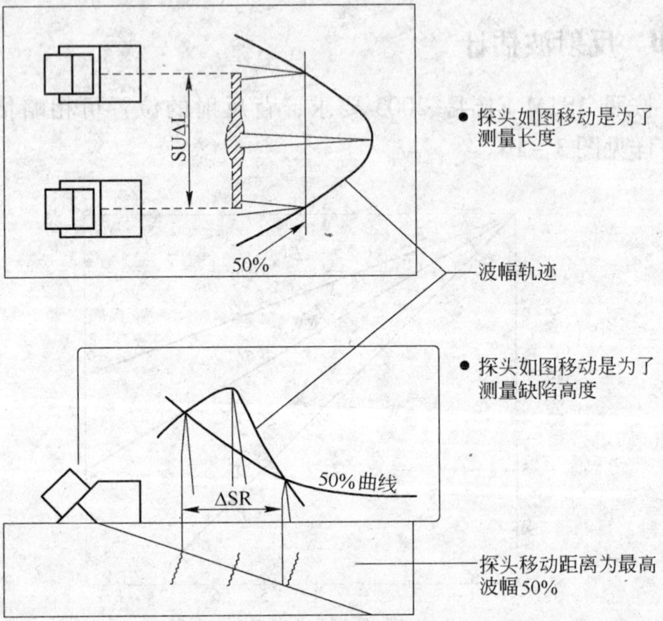

图 3－17　反射尺寸的评估

SUΔL—探头扫查长度

际缺陷经验，即人工产生的反射并非总是直接与实际的缺陷形状或尺寸相关。对于曲面缺陷，波幅可能无法指示出其缺陷的等级。

3.11.3　反射波的类型

除评估反射区的尺寸与位置之外，反射波还具有其他鉴别的属性。对于反射波类型的判别，需要操作者的技能及焊缝的验收基准。

3.11.4　反射面的取向

反射面的取向可通过探头在焊缝不同位置所得到的相关波幅来判定。图 3－18 示出了一个范例。

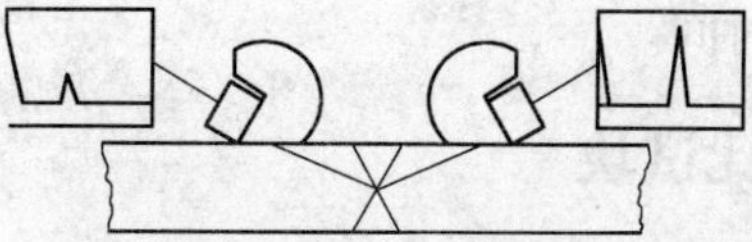

图 3－18 反射取向的测定
（焊缝缺陷两侧扫查显现的缺陷取向）

3.11.5 反射面的形状

显示屏的反射波扭曲程度可反映出反射面的形状、粗糙度，以及反声波的形状与缺陷、仪器及探头系统的使用情况。

3.12 报告

检测报告应记录如下信息：

（1）焊缝的类型与检测的配置，包括厚度、焊件的简图等。

（2）自动缺陷报警。

（3）特殊探头、楔形、探头外壳或鞍形套。

（4）旋转式扫查设备。

（5）扫查时焊件的制造阶段。

（6）扫查焊件表面。

（7）表面状态。

（8）耦合剂。

（9）扫查方法。

（10）采用的技术。

（11）标准与缺陷的规定。

（12）扫描参数，如声束的方向。

（13）声束的传播模式，包括纵波或剪切波，脉冲回波，串联或穿透等模式。

（14）晶体（传感器）的类型与尺寸。

（15）扫查频率。

（16）仪器信息。

（17）缺陷描述（深度、位置、长度、高度、波高与特征）。

（18）操作者。

(19) 扫查时间。

3.13 IIW 参比试块

IIW（international institute of welding，限制性）参比试块可用以调节与标准化超声波缺陷检测设备，也可用于：

(1) 扫描长度标定；

(2) 脉冲能量与放大的调节；

(3) 设备的操作优化和稳定性；

(4) 测定探头的特性，如其敏感度、斜探头的声波指数、楔形声束的路径及折射的角度等。

补充试块：非 IIW 参比试块，用来标定距离和敏感度的标准化试块。

IIW 参比试块的外形见图 3－19，尺寸见表 3－4。

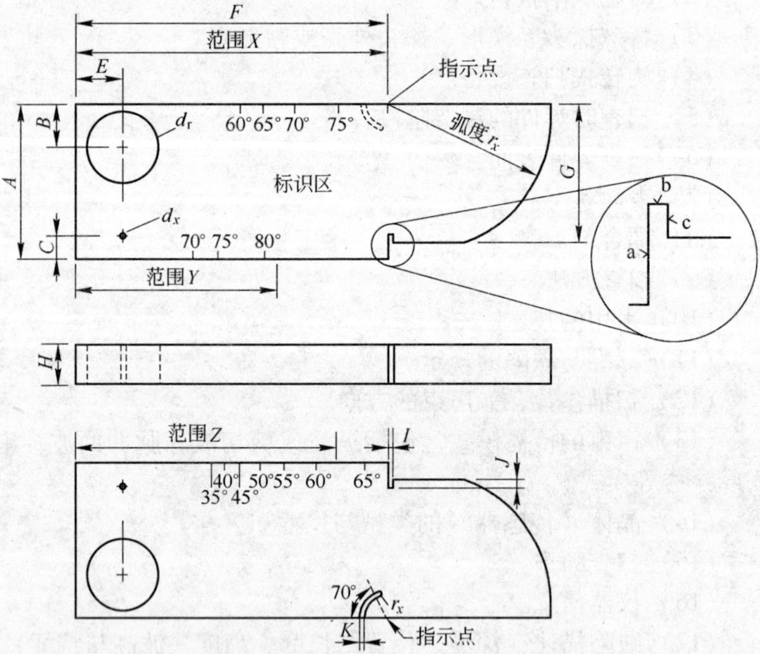

图 3－19 IIW 参比试块

表 3-4 IIW 参比试块尺寸及公差

代号	美国通用试块		国际试块	
	尺寸/in	公差/in	尺寸/in	公差/in
A	4.000	0.005	100	0.1
B	1.200	0.005	30	0.1
C	0.600	0.005	15	0.1
d_r	2.000	0.01	50	0.2
d_x	0.060	0.001	1.5	0.02
E	1.400	0.005	35	0.1
F	8.000	0.005	200	0.1
G	3.640	0.005	91	0.1
H	1.000	0.005	25	0.1
I	0.080	0.005	2	0.1
J	0.240	0.005	6	0.1
K	0.120	0.005	3	0.1
L	0.060	0.005	1.5	0.1
r_1	4.000	0.01	100	0.2
r_2	1.000	0.01	25	0.2
面粗糙度 *Ra*	a	32μin(max)	0.8μin(max)	
	b	63μin(max)	1.6μin(max)	
	c	125μin(max)	3.2μin(max)	
	缩放		缩放	
X	$1.200\tan\alpha+1.400$	0.005	$30\tan\alpha+35$	0.1
Y	$0.600\tan\beta+1.400$	0.005	$15\tan\beta+35$	0.1
Z	$2.800\tan\gamma+1.400$	0.005	$75\tan\gamma+35$	0.1

注：1. 按照说明选取材料。除非另有规定，建议采用低碳钢，其美国钢号如：UNSG10180；

2. *X* 轴刻度，60°~75°，增量 1°，图中显示的为：60°，65°，70°，75°；

3. *Y* 轴刻度，70°~80°，增量 1°，图中显示的为：70°，75°，80°；

4. *Z* 轴刻度，35°~65°，增量 1°，图中显示的为：35°，40°，45°，50°，55°，60°，65°；

5. 为避免尖角，减小制板，或取出飞边，打磨圆角。去角尺寸不能超过 0.5mm；

6. 英制单位与国际单位制的两种试块，即美国通用的试块与国际单位制试块，二者的尺寸无需完全相同。

3.13.1　距离标定：直探头纵波

需要水平距离标准化时，可通过调节已知参比试样的已知距离的回波位置的扫描距离进行标准化。其水平的刻度分量大小，较高的频率优化等因素与标准化的精度密切相关。

距离的标定，仅仅对待扫查的工件的材质相同或相似的，即具有相同声速的参比试块方有效。例如，低碳钢的参比试块不能用于某些不锈钢的UT距离标定。

本节阐述双屏幕显示：100mm 范围，采用单探头、双探头分别得到的反射波谱的技术说明详见图 3-20。

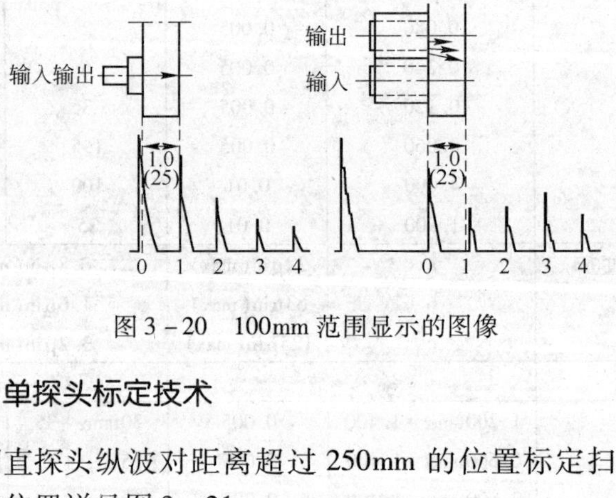

图 3-20　100mm 范围显示的图像

3.13.2　单探头标定技术

采用直探头纵波对距离超过 250mm 的位置标定扫查长度，其探头的位置详见图 3-21。

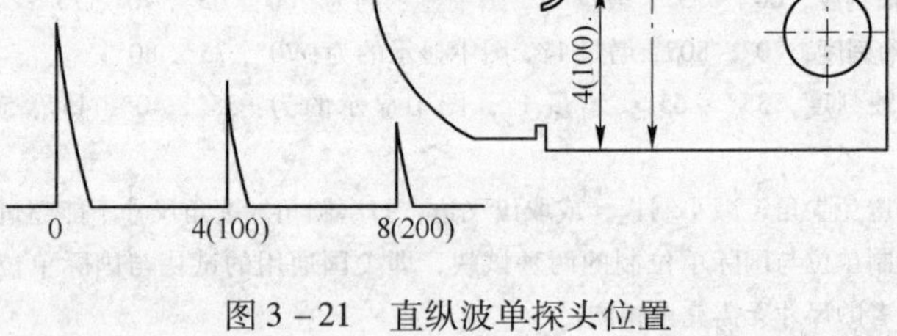

图 3-21　直纵波单探头位置

对于500mm 范围，其显示屏图谱见图 3-22。该图谱也显示了纵波与其他反射所导致的模式转化产生的剪切波的声波指示图谱。

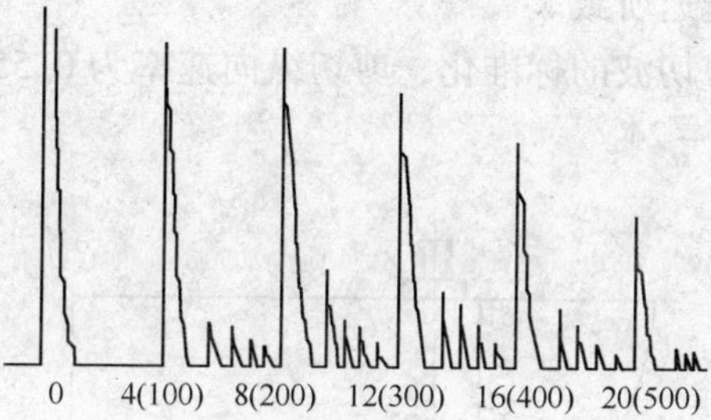

图 3-22 由模式转换引起的显示屏图谱指示

3.14 100~250mm 范围斜探头扫查

探头放置位置如图 3-23 所示，从曲面（曲率半径 100mm，沟槽半径 25mm）得到回波。

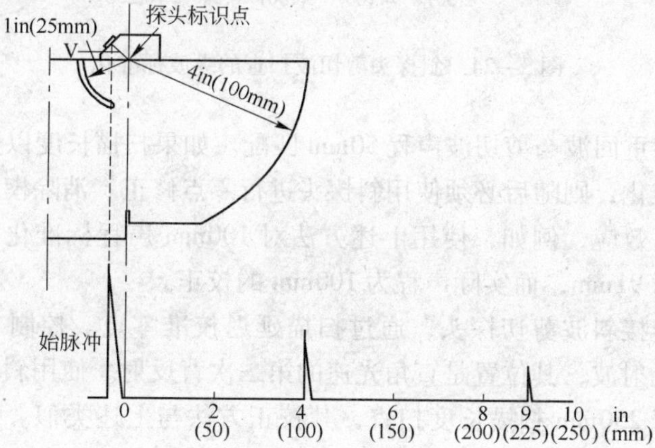

图 3-23 斜探头位置

扫描长度通常为 250mm。显示屏图谱必须标准化。曲面指示为 100mm，沟槽脉冲显示 225mm。当声束波面与曲率中心点吻合，通过平行于参比试块的一个面前后移动探头，其曲面的指示可达到最大。在这种情形下，轻微旋转探头可接收到沟槽的反射。绝大多数情形下，初始脉冲指示将显示在零点的左侧，其原因为楔形的延迟所致。

相对于剪切波的标准化，剪切纵向速率为 0.55m/s，其直探头位置见图 3－24。

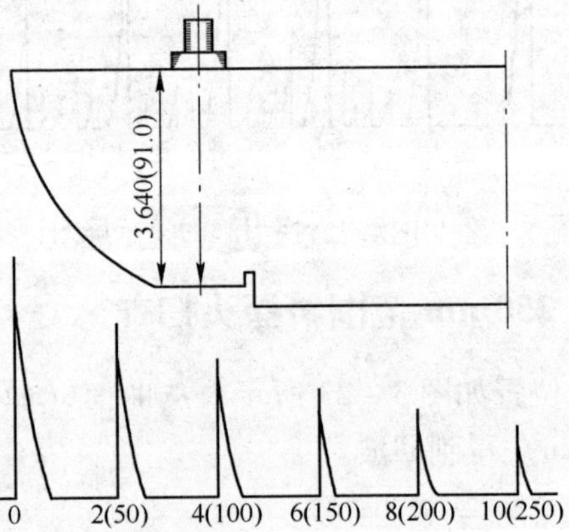

图 3－24　斜探头剪切波扫查的纵波标准化

多重回波与剪切波声程 50mm 匹配。如果扫描长度以这种方式标准化，则随后必须使用斜探头进行零点修正。消除楔形引起的延迟效应，例如，使用上述方法对 100mm 声程标准化，实测双波为 91mm，而实际声程为 100mm 的校正。

连接斜波剪切探头，通过扫描延迟校准零点。控制 100mm 半径反射波，其位置是直角光速的第二次背反射。使用斜探头进行大于 250mm 扫描长度扫查，其校正方法与上述类似。直角声束探头的位置如图 3－24 所示。

声程的距离标准化，扫查表面的投影时，探头置于参比试块的位置如图 3－25 所示。校正来自试块边缘的信号，以使声束指数与参比试块的边缘相一致。

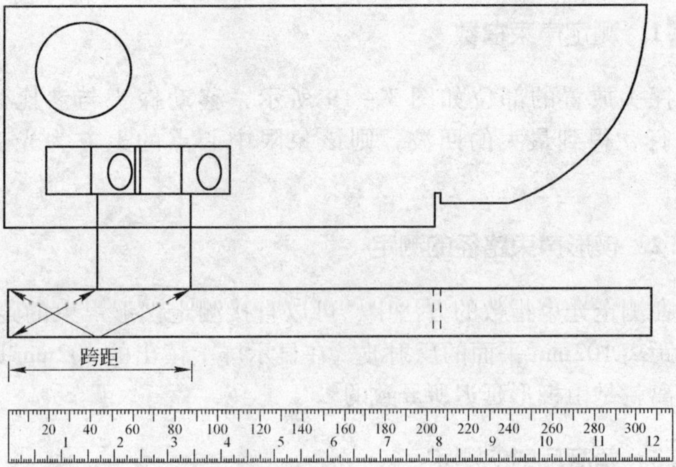

图3-25 声程距离校正时探头的位置

一个标准规则检测声距离，相对于SI制试块，该规则规定：最小长度为300mm，单位为mm或更小的单位。调节距离或一半距离。当采用斜探头角度趋近60°时，可能产生较大的误差。

灵敏度调节需注意以下要点：

(1) 频率。

(2) 发射脉冲的能量。

(3) 扫查表面的状况。

(4) 扫查材料相对于声束传输的衰减。

(5) 指示性缺陷：反射距离、表面状态、取向与不连续类型的特征。

3.15 探头及其特性的检查

当检查探头性能时，试样与探头之间的接触是非常重要的，需要足够的耦合剂。若需要各种探头进行比较，所有扫查需要相同的耦合剂。

3.15.1 测定声束指数

探头放置的部位如图 3－19 所示，移动探头与参比试块边平行，得到最大的回波，则该象限中心点的上方为光束指数。

3.15.2 楔形声束路径的测定

在测定光束指数的方法中，可以直接测定楔形声束的路径，即是距离 102mm 平面的反射波。在显示屏上读出的 102mm 以外的距离就是由楔形延迟所导致的。

3.15.3 角度反射的测定

采用来自表面 50mm 直径孔的反射回波，直接测定角度 35°～75°之间的双边。当最高值回波出现时，光束指数的折射角即为其精确的反射角。当测定 75°～80°之间的角时，需采用 1.5mm 的小孔，其双位置如图 3－26 所示。

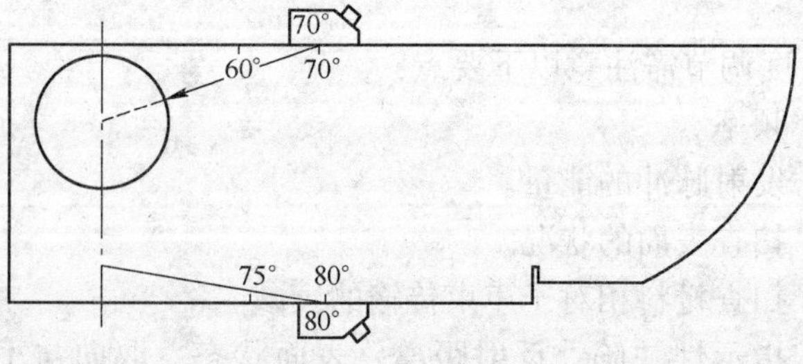

图 3－26 折射角的测定

3.16 采用其他补充参比试块的标准化

其他类型参比试块如下所示：

(1) DC 型距离参比试块，详见图 3－27。

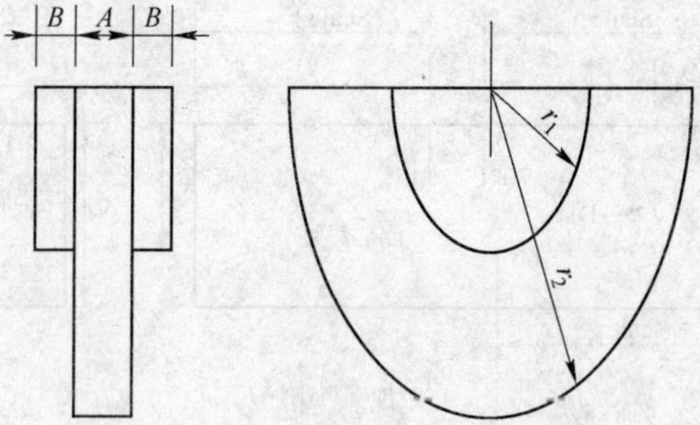

规　格

代　号	美国通用试块		国际通用试块	
	尺寸/in	公差/in	尺寸/mm	公差/mm
A	0.500	0.010	12.5	0.2
B	0.250	0.010	6.3	0.2
Rad. r_1	1.000	0.010	25.0	0.2
Rad. r_2	2.000	0.010	50.0	0.2

注：1. 按照说明选取材料。除非另有规定，建议采用低碳钢，其美国钢号如：UNSG10180；

2. 所有表面粗糙度 $Ra \leqslant 3.2\mu m$；
3. 试块两边曲面中心要有标识；
4. 为避免尖角，减小制板，或取出飞边，打磨圆角。去角尺寸不能超过0.5mm；
5. 英制单位与国际单位制的两种试块，即美国通用的试块与国际单位制试块，二者的尺寸无需完全相同。

图3－27　DC型距离参比试块

（2）SC型敏感度参比试块，详见图3－28。

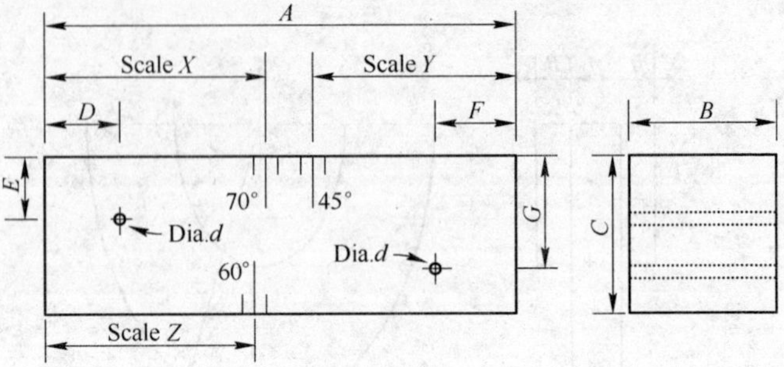

规　格

代　号	美国通用		国际通用	
	尺寸/in	公差/in	尺寸/mm	公差/mm
A	3.000	0.005	75.0	0.1
B	1.250	0.05	32.0	10
C	0.905	0.005	22.6	0.1
D	0.500	0.005	12.5	0.1
E	0.384	0.005	9.6	0.1
F	0.500	0.005	12.5	0.1
G	0.727	0.005	18.2	0.1
Dia. *d*	0.0625	0.0005	1.6	0.02
Scale *X*				
70°	1.450	0.005	38.3	0.1
	1.555	0.005	38.9	0.1
	1.682	0.005	42.1	0.1
Scale *Y*				
45°	1.178	0.005	29.5	0.1
	1.227	0.005	30.7	0.1
	1.280	0.005	32.0	0.1
Scale *Z*				
60°	1.334	0.005	33.4	0.1
	1.402	0.005	35.1	0.1
	1.480	0.005	37.0	0.1

注：1. 按照说明选取材料。除非另有规定，建议采用低碳钢，其美国钢号如：UNSG10180；

2. 所有表面粗糙度 $Ra \leqslant 3.2\ \mu m$，内孔表面的粗糙度 $Ra \leqslant 0.8 \mu m$；

3. 试块要有标识；

4. 为避免尖角，减小制板，或取出飞边，打磨圆角。去角尺寸不能超过0.5mm；

5. 英制单位与国际单位制的两种试块，即美国通用的试块与国际单位制试块，二者的尺寸无需完全相同。

图 3－28　SC 型敏感度参比试块

（3）DSC 型距离和敏感度参比试块，详见图 3－29。

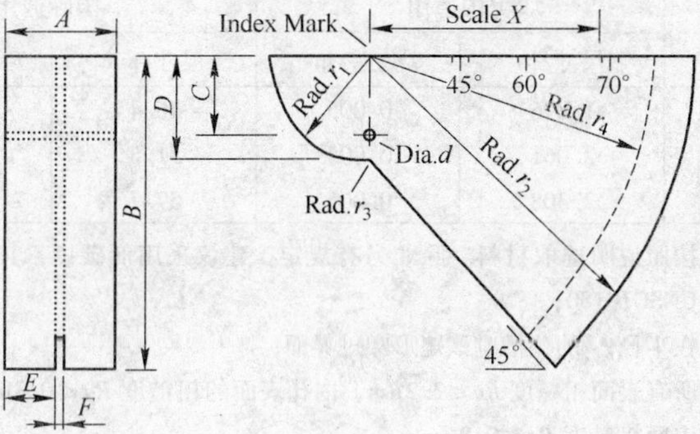

规　格

代　号	美国通用		国际通用	
	尺寸/in	公差/in	尺寸/mm	公差/mm
A	1.000	0.005	25.0	0.1
B	2.500	0.005	62.5	0.1
C	0.750	0.005	18.8	0.1
D	1.000	0.005	25.0	0.1
E	0.484	0.005	12.1	0.1
F	0.032	0.005	0.8	0.1
Dia. d	0.125	0.002	3.2	0.05
Rad. r_1	1.000	0.005	25.0	0.1
Rad. r_2	3.000	0.005	75.0	0.1
Rad. r_3	0.25	0.02	6.3	0.5
Rad. r_4	2.625	0.005	65.6	0.1
Scale *X*				
45°	0.699	0.005	17.5	0.1
	0.750	0.005	18.8	0.1
	0.804	0.005	20.1	0.1
	1.200	0.005	30.0	0.1
60°	1.299	0.005	32.5	0.1
	1.410	0.005	35.2	0.1

续表

代　号	美国通用		国际通用	
	尺寸/in	公差/in	尺寸/mm	公差/mm
70°	1. 896	0. 005	46. 4	0. 1
	2. 061	0. 005	51. 5	0. 1
	2. 308	0. 005	57. 7	0. 1

注：1. 按照说明选取材料。除非另有规定，建议采用低碳钢，其美国钢号如：UNSG10180；

2. 在半径 r_4 的刻槽应该矩形穿过界面；

3. 所有表面粗糙度 $Ra \leqslant 3.2\mu m$，内孔表面的粗糙度 $Ra \leqslant 0.8\mu m$，方槽外径表面粗糙度 $Ra \leqslant 0.8\mu m$；

4. 试块需标明中心点的位置要有标识；

5. 距离要有刻度；

6. 为避免尖角，减小制板，或取出飞边，打磨圆角。去角尺寸不能超过0.5mm；

7. 英制单位与国际单位制的两种试块，即美国通用的试块与国际单位制试块，二者的尺寸无需完全相同。

图 3－29　DSC 型距离和敏感度参比试块

（4）MAB 小型斜探头参比试块，详见图 3－30。

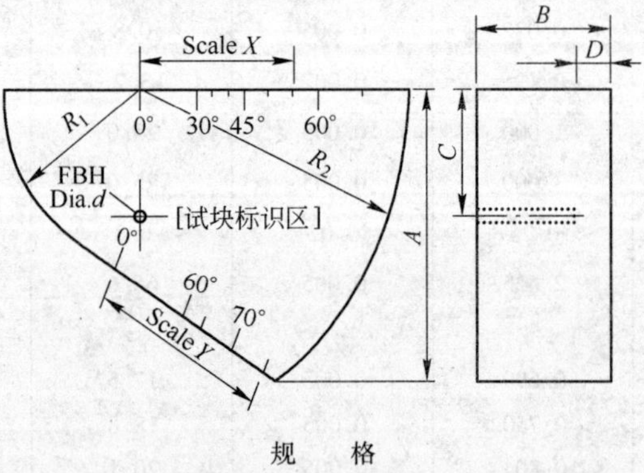

规　格

代号	尺寸/in	代号	尺寸/in
R_1	1. 000	C	0. 765
R_2	2. 000	D	0. 250
A	1. 732	Dia. d	0. 078
B	1. 000		

续表

范围	角度	公差/in	范围	角度	公差/in
X	30°	0.442	*X*	60°	1.325
	[35]	0.536		[65]	1.041
	[45]	0.642	*Y*	60°	0.585
	45°	0.705		[65]	0.724
	[50]	0.312	*Y*	70°	0.928
	[55]	1.093		[75]	1.260

注：1. 主要标线 1/4 高；

2. 次标线 1/8 高；

3. 偏差 0.005；

4. 粗糙度 $Ra \leqslant 7.3\mu m$。

图 3－30　MAB 小型斜探头参比试块

上述参比试块的标准化见图 3－31，其相应探头的位置详见表 3－5。

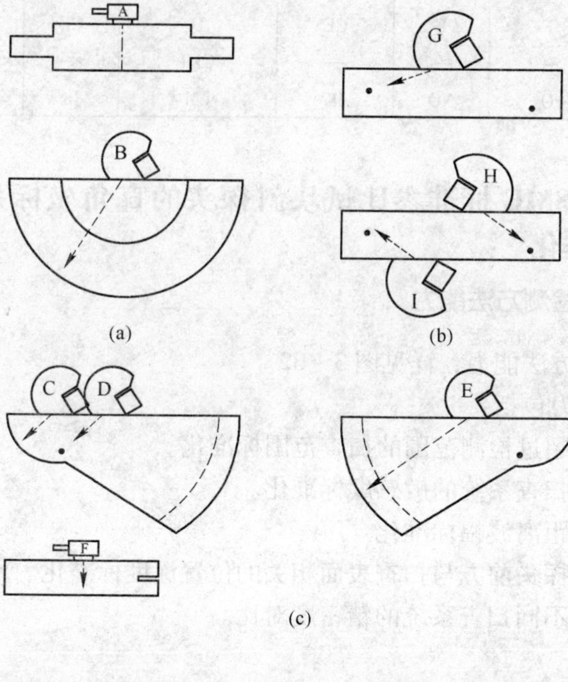

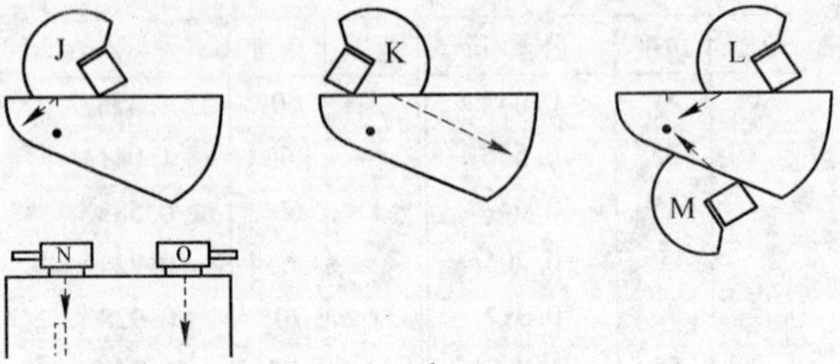

(d)

图 3-31 参比试块标准化

（a）距离标定（DC 试块）；（b）灵敏度校准（SC）试块；

（c）距离-灵敏度（DSC）校准试块；

（d）小角度声束校准（MAB）试块（声波方向，距离与灵敏度校准）

表 3-5 仪器标准化所使用的补充试块——特定标准化探头的位置

试块	直探头检测			斜探头检测		
	声束角	距离	分辨率	声束入射点	距离	分辨率
DC	A	A	B	—	B	B
DSC	F	F	CE	D	CE	DE
SC	—	—	—	GHI	—	GHI
MAB	O	NO	JK	LM	JK	LM

3.17 ASME 标准参比试块斜探头的直角坐标系的标准化

3.17.1 检测方法能力

检测方法能力，详见图 3-32。

其能力包括：

（1）超过检测范围的扫查范围标准化。

（2）扫查系统的敏感度标准化。

（3）距离波幅标准化。

（4）探头前方与扫查表面相关的位置深度标准化。

（5）不同扫查系统的精密度对比。

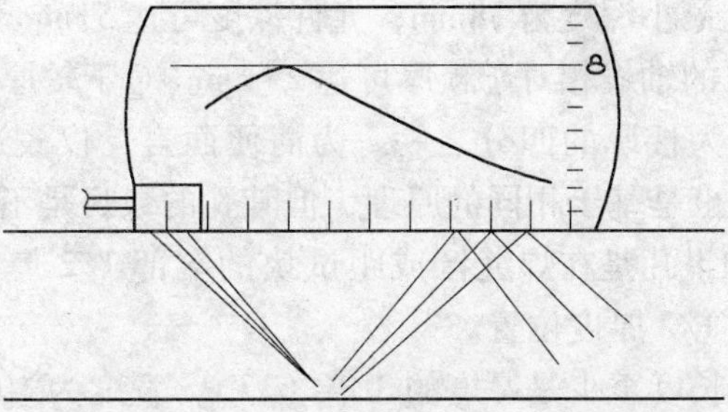

图 3－32 检测方法能力

（6）垂直于扫查面或次表面的反射面的标准化修正。

3.17.2 基本参比反射

基本参比反射是在其轴向平行至扫查面侧孔，并且垂直于检测材料的边缘，也可使用方形孔。如果焊缝区域不影响其基体组织效应，可以在焊缝区钻侧孔。可以在与焊件相同厚度区域的余料加工的试块上钻侧孔，详见图 3－33。

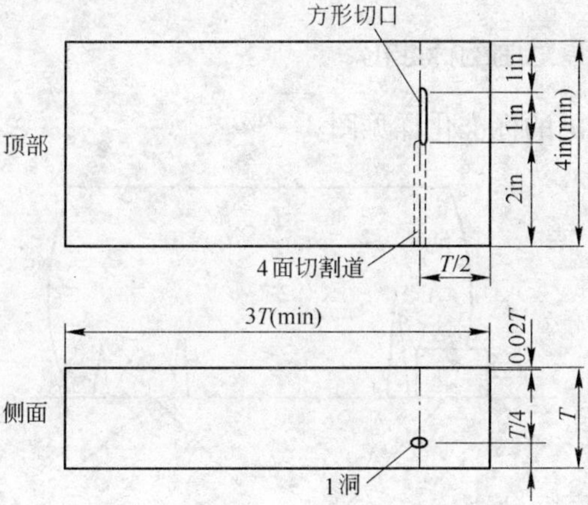

图 3－33 基本参比反射

（1in＝25.4mm）

（1）孔最小深度为38mm，允许深度可达51mm。

（2）孔的轴线相对于板厚可达25mm。对于较厚的板材，孔的轴线应该为板厚的四分之一。为简便而言，仅表述1/4T，对于1/2深孔也是基于相同的原理，但其孔的数目是不相同的。

（3）如果孔是在焊缝区或距试块的端部1/2厚度位置，则孔的位置为1/2厚度位置。

试块的长度至少是厚度的3倍（3T），宽度为102mm。对于某些应用，为了达到DAC的7/8、8/8及9/8 V形路径位置，选择角度和所需构件的厚度，试块的长度应该显著大于3T。

（4）若用板子制造试块，焊件的厚度尺寸应该是板子的厚度。

（5）通过孔中心线横穿试块的两个扫查面，沿着厚度方向划线。

（6）3.2mm直径的平面磨制作直角槽，其槽的深度为2%T，长度为25mm，位于距侧孔3/4T处，距试块T/2处孔面的51～76mm应与刻槽的一侧划线齐平。

（7）参比试块的扫查面应与焊接件的扫查面相同。

3.17.3 扫查范围的标准化

扫查范围的标准化详见图3－34。

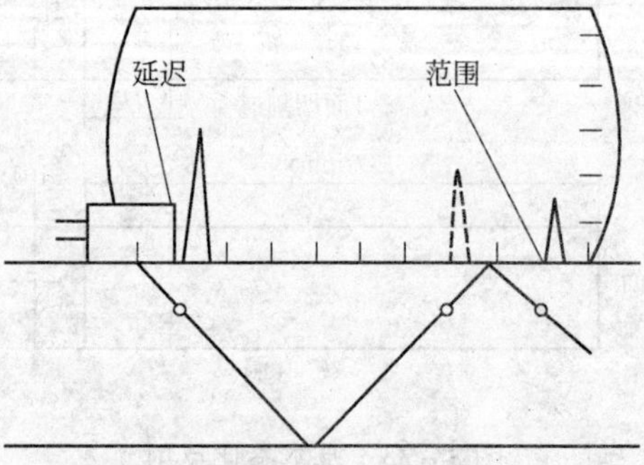

图3－34 扫查范围

（1）从侧孔至扫查面的 1/4*T* 处，置探头于侧孔第一个最大指示峰位置，通过延迟控制调节显示屏中指示峰的左侧距离。

（2）移动探头离开最大峰位置，通过范围控制调节最大指示峰至显示屏数值线 9。

（3）重复延迟和范围控制，直至第一与第三孔的反射线 1 和 9。

（4）从刻槽至最大回波，滑动探头位置，其指示波在扫查线 1 位置。

（5）探头探得刻槽的最大回波，显现在线 8 位置。

（6）扫查的每一刻度等于 V 形路径的八分之一。

3. 17. 4　灵敏度标准化

灵敏度标准化见图 3 – 35。

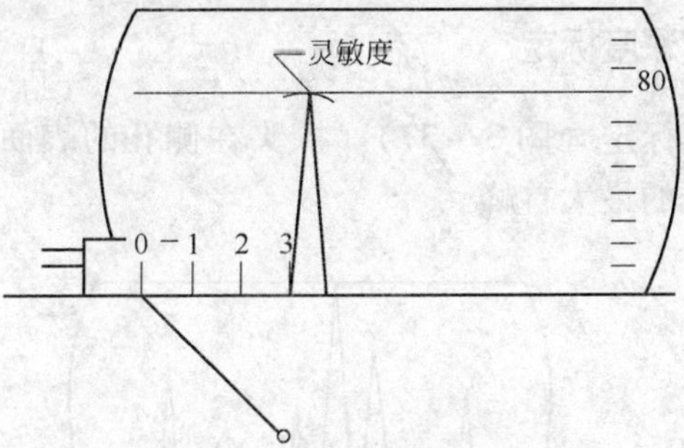

图 3 – 35　灵敏度

（1）从 V 形路径到孔，1/8、3/8、5/8 、7/8 及 9/8 声程测得最大回波。

（2）调节灵敏度控制，使其最大回波峰值置于显示屏满刻度的 80%。

（3）用润滑脂铅笔标定该峰值。

3. 17. 5　距离 – 波幅标定

距离 – 波幅标定曲线，见图 3 – 36。

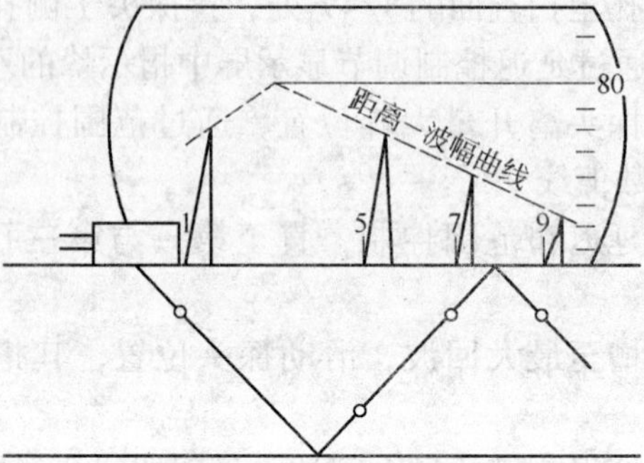

图 3-36 距离-波幅曲线

（1）固定灵敏度，从孔 V 形路径位置得到最大波幅。

（2）在显示屏上标定该指示峰。

（3）连接显示屏的标志，可得到侧孔的距离-波幅曲线。

3.17.6 位置深度标定

位置深度标定（图 3-37）。探头在侧孔的表面厚度 1/4 扫查，找出侧孔的最大首峰。

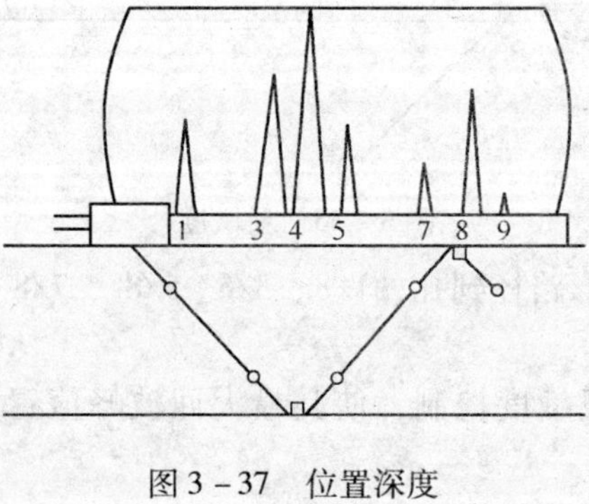

图 3-37 位置深度

3.17.7 不同扫查系统的分辨率对比

不同扫查系统的分辨率对比如图 3-38 所示。

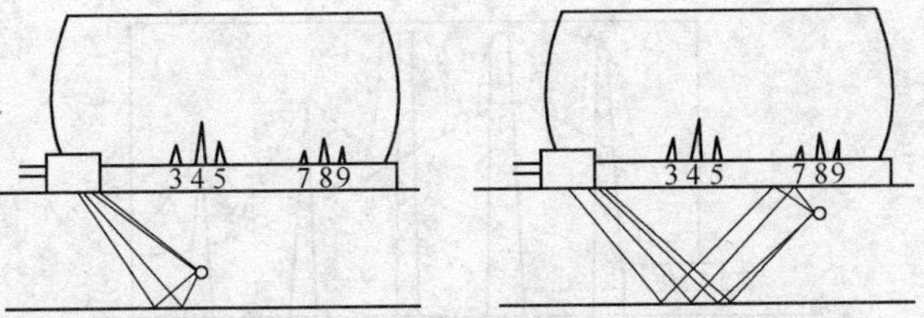

图 3－38 分辨率

3.17.8 曲面反射

曲面反射见图 3－39。

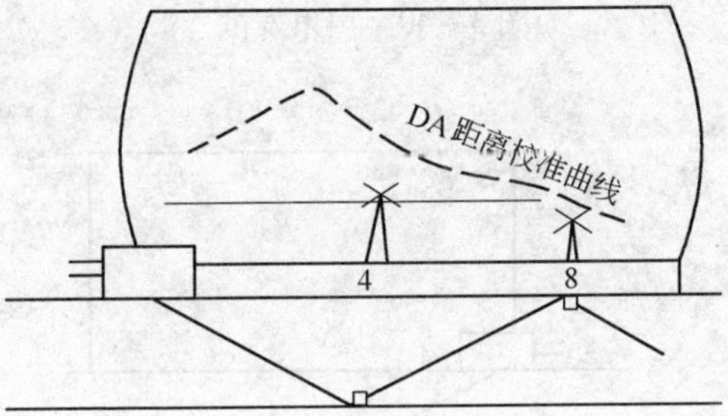

图 3－39 曲面反射

3.17.9 声束发散

声束发散见图 3－40。可选择的标准化路径如图 3－41 所示。

标准化途径可以选择，V 形 5/8 路径，有时可用 70°探头；20/8 路径可以在薄型材料中使用；或者使用范围从 3/8～13/8 的路径以避免楔形的噪声，但要保持上下移动斜光束的路径。这一变化过程需要测量，但放置的位置与深度的数值必须按照图 3－37 的要求进行。

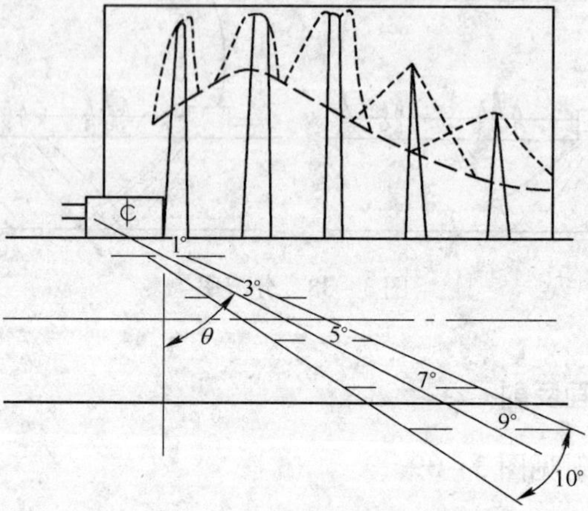

图 3-40 声束发散

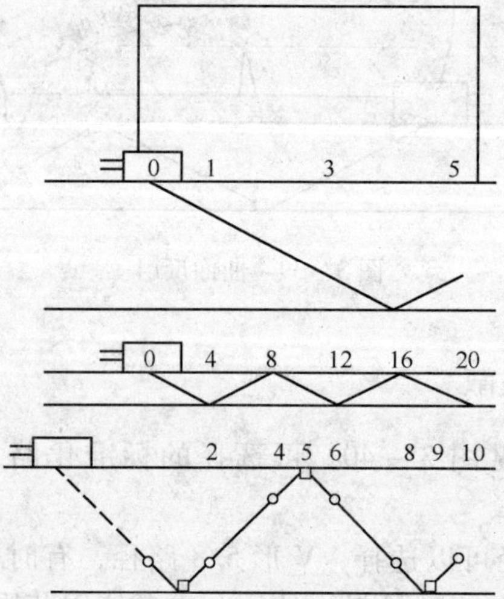

图 3-41 选择路径

4 铸钢件的特性与超声波特性

4.1 铸钢件缺陷

一般来说,铸钢件产生的缺陷有气孔、缩孔、夹渣、冲沙、裂纹。

(1) 气孔,是钢液中气体没有完全浮上来而残留在钢中,或者是铸型和型芯产生的气体浸入钢液中形成的。多数情况下是和型砂一起呈现在铸件的上部和表面层,有时也产生在中心部。通常而言,直径约为 2 ~ 3mm 的称为针孔,直径较大的称为气孔。此外,附着在支撑芯和插入物等处的水分和杂质有时也形成气孔,见图 4 - 1。

图 4 - 1 45 钢 ϕ500mm 连铸坯横向形貌（气孔）

气孔近于球形，其超声缺陷反射波较弱。

（2）夹砂（渣）：详见图 4 – 2、图 4 – 3。

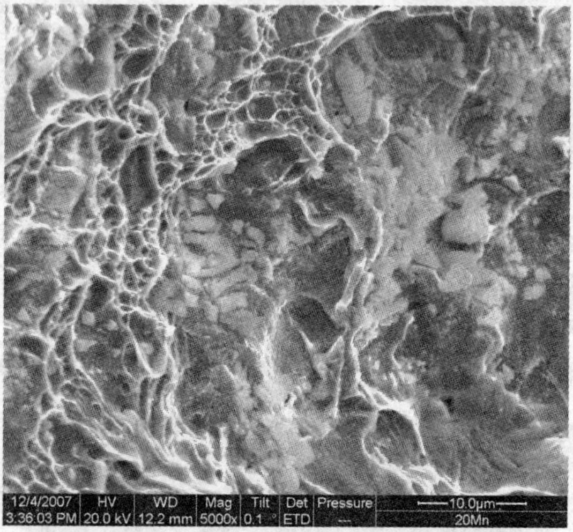

图 4 – 2 夹渣形貌

（裂纹处有成堆积聚分布的、形状不规则有棱角的非金属夹杂物，具有显著的夹渣特征（白色））

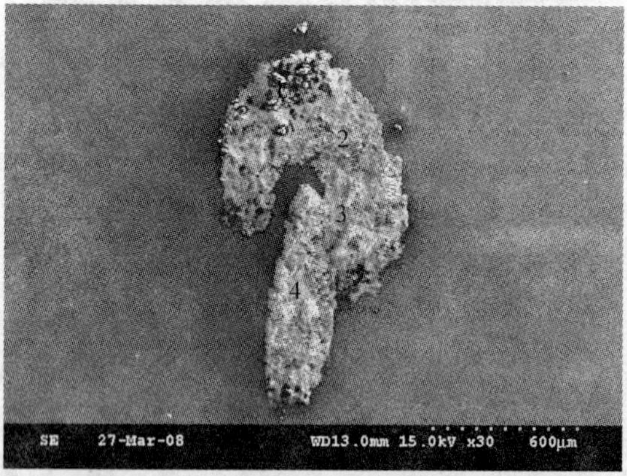

图 4 – 3 保护渣卷入钢液产生的夹渣

夹砂主要是铸件表面的沙粒与高温溶液接触，剥离后混入钢中形成的。钢液中混入熔渣后注入铸型中，熔渣没有完全浮上来，形成夹渣。

和气孔一样，夹渣可见密集型的弱反射波。

（3）缩孔：在凝固过程中钢液供给不足时产生的，分为缩孔与缩孔残余。缩孔是空洞，缩孔残余是沿着铸件的中心轴形成的多孔性的组织。详见图4－4。

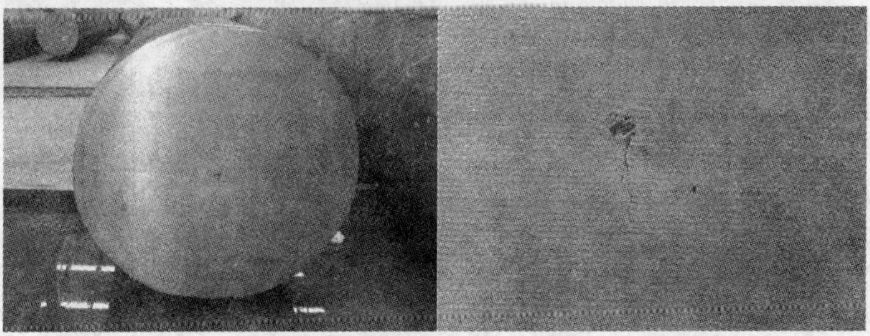

图4－4 缩孔

（4）裂纹，裂纹分为三种：

1）在1300℃左右产生的裂纹称为热裂纹。

2）在厚壁处容易产生缩孔的多孔性部位因不能完全承受其他部位的收缩而产生的收缩裂纹。

3）在260℃左右以冷却应力导致的冷裂纹。

检测裂纹，可以得到强的缺陷反射波，或底波反射损失严重。

（5）树枝晶间偏析，显微孔隙。

晶间偏析易产生超声波衰减和林状反射波。

4.2 铸件超声探伤特征

（1）探头与铸件表面接触状态不稳定。

（2）由于形状复杂，底面常常不一定与探伤面平行。

（3）在内部缺陷的反射波中，高的反射波不一定是大缺陷，应由检测范围而定。

（4）有时由粗晶组织引起超声波衰减，信噪比较低。

（5）斜角探伤容易判断出焊缝和焊补部位的裂纹。

（6）双晶型探头可检查表层部位的缺陷。

（7）由于近于球形的缺陷的反射波与平板式缺陷相比较弱，所以，不仅要注意缺陷反射波，还应注意底面反射波的变化。

一般可以认为，对于参比试块表面，可提高 +6dB；标准的砂轮加工表面为 +12dB，氧化皮表面为 +15 ~ +29dB。

通常而言，铸件的超声衰减：1MHz 下约为 0 ~ 7dB/m；2 ~ 2.25MHz 为 6 ~ 24dB/m。因此对于铸钢件探伤希望尽量用低的频率。

4.2.1 缺陷反射波和底面反射波的特征

相对锻件而言，铸件的结晶组织较粗，同时有的在其内部还存在着许多在探伤仪示波器上看不出反射波的微小反射源，使超声波的穿透性降低。而且很多情况下，其粗晶组织不均匀。探伤频率愈高，产生的林状反射波也愈多。铸件的内部缺陷除裂纹、夹渣、偏析外，还夹有气孔、夹砂（沙眼）、热裂纹、冷裂纹、型芯处气孔、冷隔、复杂形状的缩孔等。这些缺陷的形状和性质比锻件的缺陷更多。多数用 1MHz，除探伤波外，底波作为判定具有特殊的意义。

铸钢件的探伤，不像锻钢件和焊缝的探伤那样对每一个缺陷的大小、形状和方向进行分析，而是着重缺陷发射波与底面反射波的衰减分析而判断。缺陷的位置多采用分层，缺陷的形式多区别为面状缺陷和非面状缺陷。直接用铸钢面探伤时，用通常的耦合介质无法进行探伤，需黏度更高的耦合介质。但往往探头接触不够均匀，因此至少用砂轮机进行修整。裂纹状缺陷，出现很光的探伤波，空穴状缺陷会有球状探伤波的特征，而底波衰减则认为是缺陷所致。实际探出的最小缺陷约为 ϕ3.2mm。

4.2.2 气孔和夹砂的反射特征

缺陷多分布在某一区域，属于密集型缺陷，如图 4－5、图 4－6 所示。用直径为 6.35mm 平底孔反射波的距离－振幅校正曲线，可以检出弱的缺陷反射波。

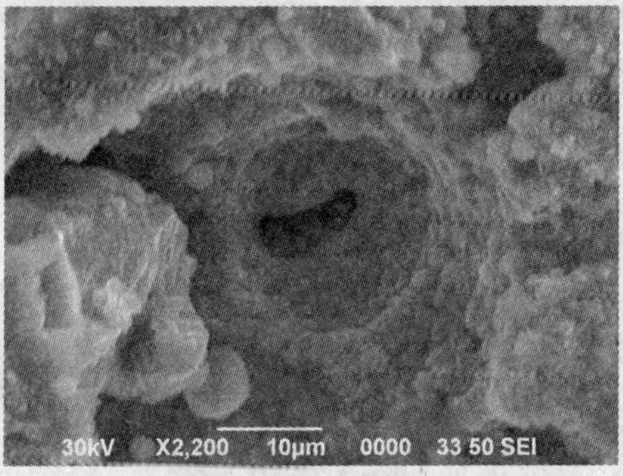

图 4－5 显微气孔被融化和高温氧化的形貌（一）

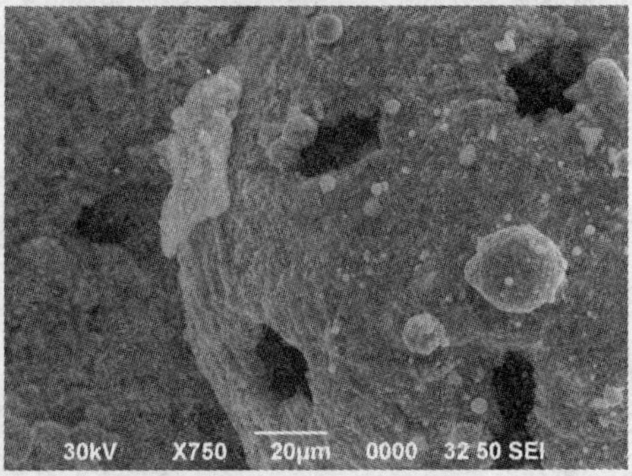

图 4－6 显微气孔被融化和高温氧化的形貌（二）

4.2.3 树枝状缩孔

连铸坯中间有中心裂缝，此裂缝宏观情况见图 4－7，断口试样见图 4－8。

(a) (b)

图4-7 来料整体形貌（a）及中心裂缝形貌（b）

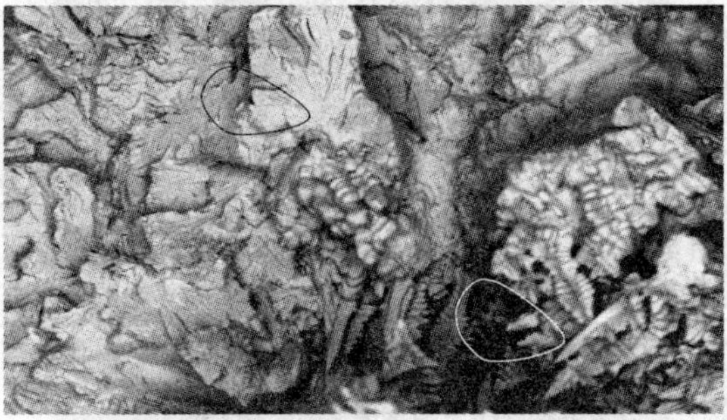

(a)

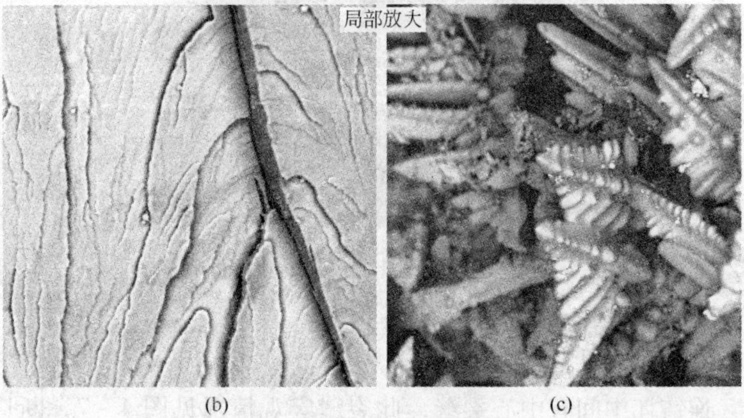

(b) (c)

图4-8 断口试样形貌

（a）断口处形貌；（b）断裂面形貌；（c）原裂缝处形貌

缺陷多分布在中心区域，有时会显示出强的缺陷反射波。

4.2.4 裂纹

考虑到超声波束的方向，并用斜探头可明确查出缺陷。直角探头需考察底面反射波的降低。

5　锻钢件的特性与超声波特性

锻钢件的横向与纵向力学性能存在差别，微小孔隙和裂纹等容易共存的偏析带是超声探伤的重点。

5.1　锻钢件缺陷

5.1.1　沙眼、夹渣

铸锭中残留的耐火材料所形成的缺陷，对于低合金钢锻件，当其 F1/B1 小于 0.2 时，不管是 1MHz 还是 2.25MHz 都显示出几乎相同的缺陷反射波。夹渣（图 5－1～图 5－3）、夹杂等形成的点状，通常没有裂纹伴生，但数量多是其特点之一。

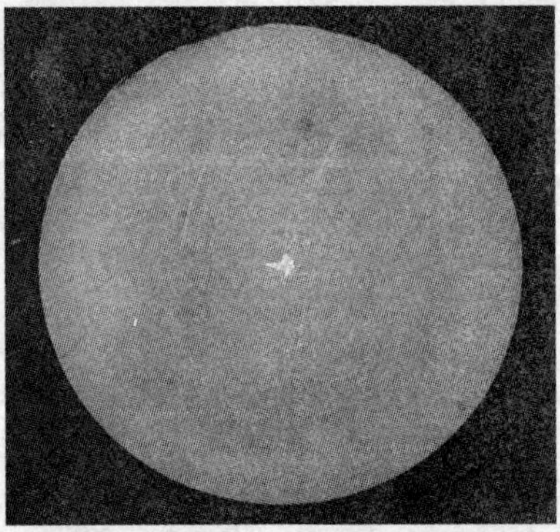

图 5－1　心部夹渣

夹杂物，锻件中常见的一类缺陷，按其来源分类可分为：内生夹杂物和外来夹杂物。内生夹杂物是钢液在冷凝过程中，因成分间平衡度的变化而析出的第二相，最常见的有硫化物、氧化物、氮化物、硅酸盐等。它们在钢中的数量和组成与钢的成分、冶炼质量、浇铸过程以及脱氧方法有关。这些非金属夹杂物熔点

图 5－2 脱落皮下夹渣侧壁

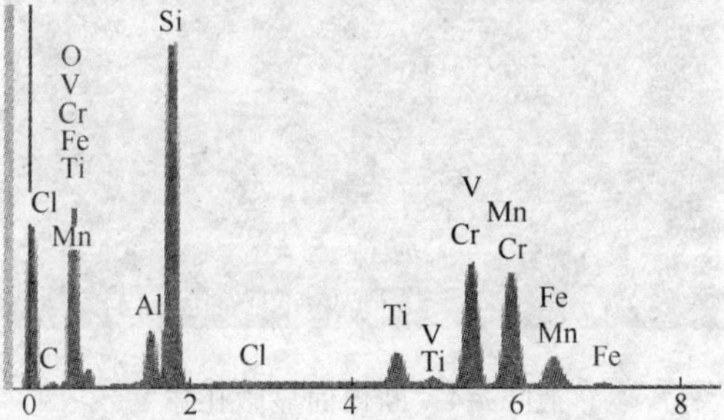

图 5－3 暗黑色夹渣微区成分能谱图

较低，随着钢液温度的降低，其溶解度也不断降低。在高温下溶解的化合物在凝固过程析出，并向锭芯移动，最后在芯部凝固。外来夹杂物是指混入钢中的炉渣、保护渣、氧化物、耐火材料以及钢液或渣液与耐火材料的反应产物。由于夹杂物的声阻抗与钢的声阻抗差异较小，在声学性质方面具有较高的透射率，较低的反射率；加之表面较粗糙，其反射缺陷波较多，而底波却影响不大。一般的探伤很难检测到夹杂物的存在，可采用超声波探伤测定轴承钢中大颗粒夹杂物的标准试验方法（ASTM E588）。

5.1.2 显微孔隙（疏松）、偏析和异常偏析

钢锭（坯）的疏松、显微孔隙（图 5－4、图 5－5）锻造不

能压实，这些缺陷与低倍的偏析、发纹相对应。大钢锭锻造时，如锻造比不足、变形方案不佳或相对送进量过大或过小、加热温度不足、钢锭中的疏松未能锻合，在锻件内部形成疏松。在锻件中疏松可能形成两种缺陷：（1）疏松，其特点是有很强的声吸收，很弱的声反射；（2）疏松裂纹，其反射特点类似于夹杂物，但声衰减比夹杂物大。

图 5 –4 断口面显微孔隙

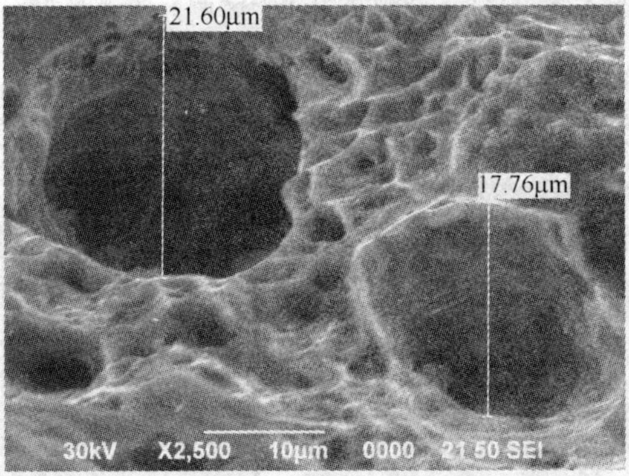

图 5 –5 气泡放大图

图 5 –5 为图 5 –4 局部放大图像，气泡开始变得清晰可见。

图5-5为气泡韧窝的高倍形貌，气泡变形后被拉成一个很深的洞，可以看到气泡壁变形而形成的褶皱形貌特征。

在ϕ2mm灵敏度检测条件下，该缺陷的波形特点为：缺陷波在始波与底波之间都有出现，且随着探头的移动，缺陷波此起彼伏，缺陷当量为ϕ2～3mm，最大当量ϕ5mm，对底波影响比较大，降低量大于12dB。局部区域出现底波完全消失的现象。如40Mn钢中间轴探伤密集型缺陷。探伤发现在中间轴内部存在ϕ2～3mm当量的密集型缺陷，在探伤出现密集型缺陷处取样，低倍横向试样面上存在多处小空隙。通过对试样边缘观察，纵向的条形缺陷与横向孔隙有对应特征，纵向条形缺陷的具体形态见图5-6。

图5-6 GCr15SiMn纵向条形缺陷

钢材偏析是不可避免的，是钢材选分结晶的结果。合金钢的偏析线断口见图5-7。

材料：合金钢
状态：调质
特征：偏析线断口的宏观形貌
放大倍数：LM，×2

材料：合金钢
状态：调质
特征：宏观断口上的短粗偏析线
放大倍数：LM，×1

图5-7 偏析线断口

在低倍纵向检验面上出现缺陷最重的区域，分别切取高倍金相试样和断口试样。断口试样经热处理淬火后折断并待观察，断口面上存在数条呈链状分布的夹杂物，测量夹杂物聚集链长度达到 1.9mm。断口的 SEM 观察情况见图 5-8、图 5-9。

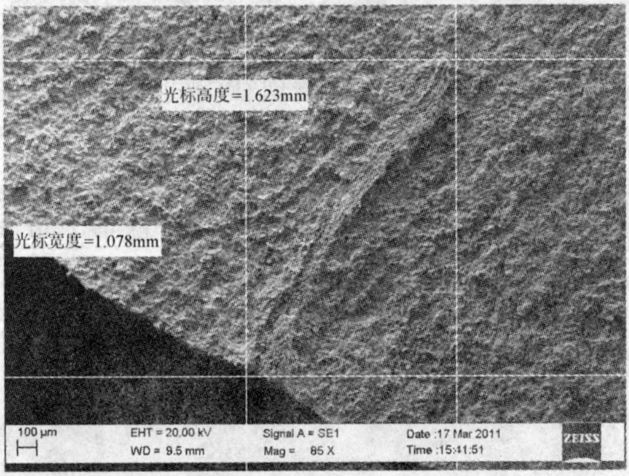

图 5-8　夹杂物聚集链整体形貌（SEM）

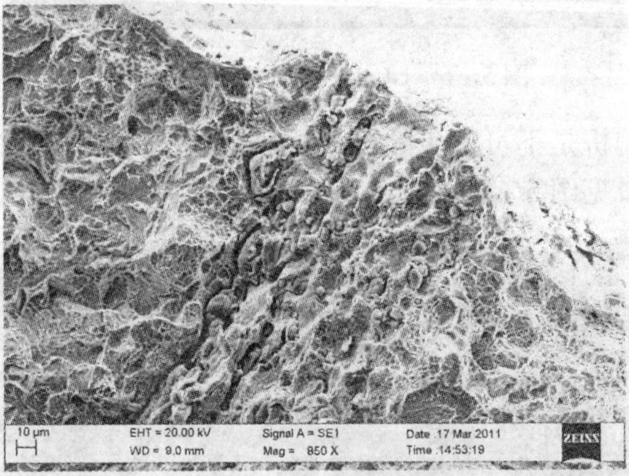

图 5-9　夹杂物聚集链局部放大形貌（SEM）

对存在夹杂物聚集链中的颗粒状夹杂物进行 EDS 成分测定，聚集链中主要存在两类夹杂物，其中比较多的一种是含 Al 和 Ca

的氧化铝类复合型夹杂物，见图5－10；另一种为相对较少的，主要含Al和Mg的氧化铝类复合型夹杂物，见图5－11。

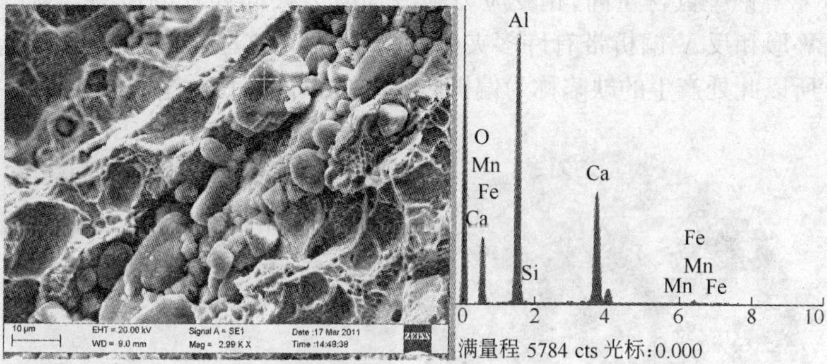

图5－10 氧化铝（含Al、Ca）类夹杂物（EDS）

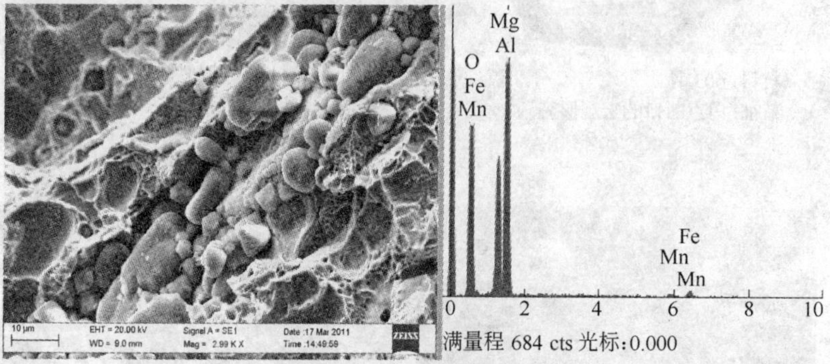

图5－11 氧化铝（含Al、Mg）类夹杂物（EDS）

通过以上的实验过程与观察，探伤发现的密集型缺陷应为由Al、Ca和Mg的氧化铝类复合型夹杂物组成的夹杂物聚集链缺陷。

波形特点：缺陷当量ϕ2mm密集，解剖后实际大小2mm。波形上尖下钝，有的波根部有“毛刺”波。探头移动，波的变化率较小，对底波无大的影响，声衰减值也较小，大约在10dB/m以内。主缺陷波与根部的小缺陷波不可分离，对频率的改变不敏感。波形展开时密集缺陷呈“链状波”。

5.1.3 偏析白点

钢中氢含量高,相变应力和冷却应力共同导致的微裂纹及在V形和反V偏析带有许多夹杂和微小空隙,这些部位容易集中氢,所以此处产生的缺陷称为偏析白点,详见图5－12～图5－14。

材料:603钢
特征:白点断口的宏观形貌

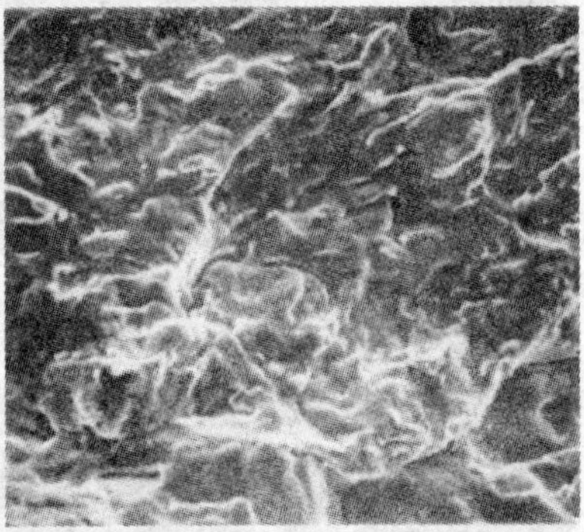

材料: 10CrNiMoV钢
状态: 调质板坯
特征: 白点的微观形态——浮云状
放大倍数:SEM,×1000

材料: 26CrNi4MoV钢
状态: 调质
特征: 白点断口的微观形态——波纹状
放大倍数:SEM,×2000

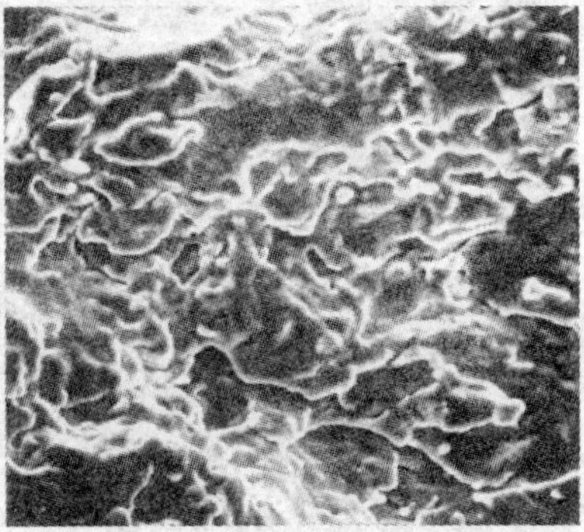

材料: 26CrNi4MoV钢
状态: 调质
特征: 白点断口的微观形态——浮云状
放大倍数:SEM,×500

图5－12 白点断口

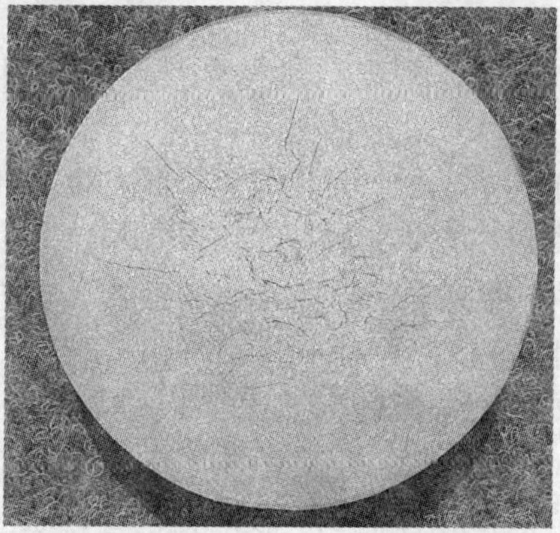

图 5－13 GCr15 低倍白点

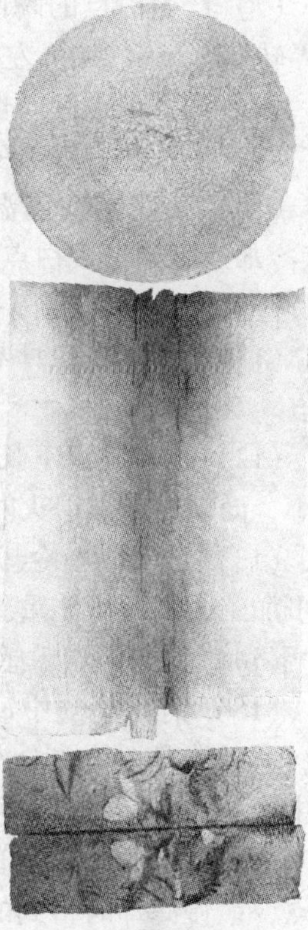

图 5－14 GCr15 横向、纵向低倍和纵向白点断口组织

白点具有如下特征：

（1）用碱性法冶炼的钢对产生白点特别敏感。

（2）随着钢锭（坯）尺寸的增加，提高了白点的敏感性；可是尺寸不大的钢锭锻造与轧制后同样也能产生白点。

（3）钢锭上部的金属与其他部分比较，容易产生白点。

（4）下浇注钢较上浇注钢对白点的敏感性较小。

（5）锻造和轧制的钢只有在冷却时才出现白点。

（6）产生白点的温度接近 200～100℃。

（7）产生白点的瞬间冷却速度不在高温区域，而是在穿过临界转变区域（200℃左右）。

（8）产生白点倾向性随锻造比及压缩比的增大而减小。

（9）出现的白点热变形可以被焊合。

（10）某些钢在室温产生白点，因而存在一个白点孕育期(从冷却终了到形成白点开始这段时间在个别情况下达到 48h 或更长些)。

（11）几乎所有具有重结晶的钢都不同程度地容易产生白点。

（12）钢在高温下长时间停留，由于氢的扩散，白点敏感性减小，而钢在扩散退火时变得对白点不敏感。

（13）金属缓慢冷却时并不能完全消除白点的敏感性（在进一步加工金属时可能重新产生白点）。

（14）钢的白点敏感性取决于缓慢冷却的时间。

（15）钢在空气中冷却时比缓慢冷却不充分时断口上白点少，这种情况在检查白点试样时应该注意到。较严格检查，取空气中冷却的专门试样，可能产生缓慢冷却的钢中白点严重的错觉。这些白点的外形是有代表性的，空气中冷却时得到大量的小白点，缓慢冷却时得到的白点很大，而且数量较少。

（16）有些马氏体钢冷却后，在室温时经过几小时或几昼夜产生白点。这种现象可用钢中由于残余奥氏体向马氏体逐渐转变和由于氢的析出产生附加应力作用来解释。

白点最容易产生在马氏体、半马氏体钢中；其次是在珠光体钢。奥氏体钢及铁素体钢不产生白点。出现白点的钢种有：铬镍钢、铬镍钼钢、铬锰钢、铬钢、锰钼钢、锰钢、滚珠钢以及中高碳的碳素钢。其中以碳含量大于 0.1%，铬含量大于 1%，镍含量大于 2.5% 的马氏体类铬镍钢、铬镍钼钢以及铬镍钨钢白点的敏感性最大，碳含量 1% 的滚珠钢白点敏感性也较大。

经过大量研究工作证实，白点的形成与锻件材内部的致密程度有密切关系。对于某些锻件材虽然总锻比不算小，但往往芯部存在着疏松未锻合之类缺陷，这些未锻合缺陷就成为应力集中和氢聚集的场所，显微空隙中的氢在第一热处理过程中也难以扩散出去。所以，即使锻件材的氢含量较低，而锻件材的芯部却存在着局部氢含量高的区域，白点就容易在此处形成。为防止锻件材中出现白点，应特别强调确保锻件材内部致密的重要性。一般只根据钢种、实际氢含量以及锻件材的最大截面尺寸来选择热处理时间，现在看来只考虑这几方面是不够的，还必须考虑到锻件材内部的冶金质量以及致密性。如果忽略了这两个因素的影响，即使锻件材中的氢含量不很高，若按常规选择热处理时间，仍然存在着产生白点的危险性。

由于白点的裂纹方向是不确定的，且裂纹的数量多，所以，通常其底波脉冲是衰减的，用频率变化不能显示出差别。

波形特征：缺陷呈同心圆、群集存在，绝大多数位于锻件的 $1/2R \sim 2/3R$ 处，波形为林状且缺陷波清晰，波峰尖锐，随着探头的移动，反射波变化率快。严重部位底波消失或明显下降。白点缺陷有明显的方向性，探头频率的变化对缺陷波幅的变化影响不大。

5.1.4 淬裂

淬裂是因热处理前圆角 R 尺寸过小，或采用不适当热处理而产生的，见图 5－15。

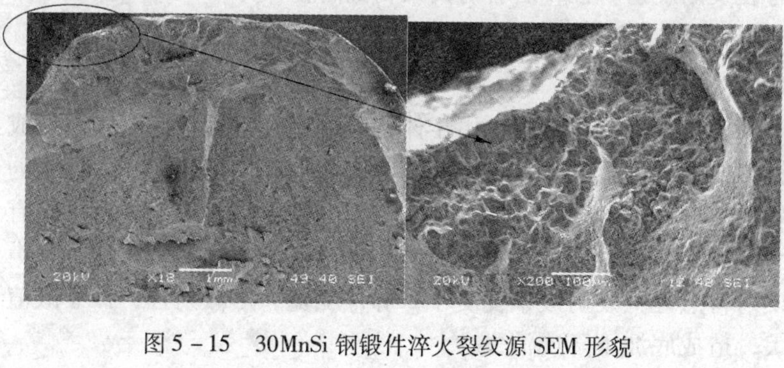

图 5－15 30MnSi 钢锻件淬火裂纹源 SEM 形貌

一般情况下，缺陷波较宽，反射信号强且有游动，并具有明显的方向性，对底波影响较为严重，甚至于全部消失。采用斜探头检测时，棱边反射比较强。

5.1.5 粗晶组织和针状组织

由于锻造塑性加工不充分，在高温下长时间加热等不适当热处理会引起粗晶。粗晶组织中混有很多针状铁素体。

过烧、过热可引起晶粒粗大。用 3～5MHz 探伤产生所谓林状脉冲，同时显示出显著的衰减，而在 1～1.5MHz 以下的频率，虽然衰减增大，但不产生林状脉冲，这样的组织通常是由于高温长期加热引起的，如 Ni－Mo－V 钢的大的奥氏体晶粒和具有方向性的贝氏体组织。

5.1.6 翻皮

在注锭时由于操作不当（浇注温度过低；注速不均匀；锭模质量不好等）浮在钢液表面上的氧化膜翻入钢液中，如不能上浮，残留在钢液中形成翻皮，是非金属夹杂物的一种特殊的表现形式。多见于底注钢锭的上部或中部，在锻造时翻皮不能锻合，如氧化物较厚时会与基体脱离形成裂纹；氧化物较薄时不与基体脱离，会形成一种大的片状夹杂物。翻皮的反射特征：前者有裂纹的反射特征；后者有夹杂物的特征。

5.1.7 残余缩孔

钢液在凝固过程中，由于体积收缩而在钢锭最后凝固区形成管状或分散的孔洞。在钢锭开坯时未将缩孔切尽而留在锻件中的残留部分称为残余缩孔。多位于钢锭的中心或近中心，且周围有大量的夹杂物，以及枝状偏析。残余缩孔的表面非常粗糙。其声反射特点是：发射波幅度变小，脉冲变宽，声散射强，声衰减值大，造成底波下降或消失。

5.1.8 锻造裂纹

通常锻造裂纹较长，表面比较光滑，但不同钢中的锻造裂纹是有差异的。检测时，锻造裂纹有较好的声反射条件，缺陷波幅信号强，且单一、清晰，多数呈游动状态，底波降低或完全消失。

5.2 锻钢件超声探伤的特征

5.2.1 锻造组织和超声衰减

锻造件的晶粒大小由锻造比、锻造加热温度和冷却速度以及钢锭的化学成分决定。一般来说，锻造加工温度越低，晶粒越小，衰减也越小。

碳素钢锻件经退火或正火后，具有细小的铁素体、珠光体组织，所以超声波衰减小，如果进行淬火 + 回火处理（调质处理），则组织更致密，衰减更小。此外，CrMo、CrMoV 钢等低合金钢经淬火、回火（调质）处理，形成致密的回火组织，衰减比碳素钢小很多。但对于大锻件，则因中心部的冷却速度比表层小，有时淬不透，其表层组织形成回火组织，因而观察到的是超声波在材料中传输的平均衰减。

5.2.2 组织和林状反射波

在大锻件探伤中，有时会出现所谓的林状反射波，使底面反射波衰减。与锻件的组织、晶粒的大小、形状和晶界有关。

大型碳素钢锻件，当锻造及其热处理不充分时，即使出现林状反射波，大多经调质处理都会得到改善。然而对于低合金钢，例如 NiCrMo 钢转子，即使是相同的贝氏体组织，因冷却程度的不同，也会产生细小的组织和羽毛状的粗组织。探伤可检出这种差别。

一般而言，出现林状反射波而衰减显著的结晶组织，晶粒粗大、晶界出现析出物和网状析出相。

林状反射波的特征为：

（1）高频探伤时易出现，而低频往往消失；

（2）从发射脉冲附近开始连续出现许多反射波，用曲线连接反射波的顶部，则曲线近似于超声波的距离－振幅曲线；

（3）只要探头的位置轻微移动，各反射波的位置和高度将发生变化，但整体曲线的形状几乎不变。

林状反射波近似于沙眼或密集的微小偏析缺陷的反射波，但依据上述特征可准确地判断林状反射波。

5.2.3 锻件裂纹

冷却裂纹的形成：

（1）残余应力。冷却时钢产生残余应力。假如残余应力超过钢的强度，则金属连续性被破坏，形成显微裂纹或宏观裂纹。与此同时，参与应力促使形成白点。

（2）变形应力。加热到高温的金属在塑性变形时，进行两个相反的过程：变形引起的加工硬化，以及在金属中依赖于变形程度和温度效果进行的再结晶。

加工硬化过程导致形成的极大的内应力，随塑性变形温度下降而急剧增加。消除内应力的再结晶过程，在金属温度下降时被减缓。变形速度高和变形程度大，也像温度下降一样，增加了加工硬化，这是由于降低了再结晶速度的缘故。

因此，金属中由于塑性变形产生了残余内应力，其值大小取决于变形条件（速度及程度）和温度。变形速度越高、变形程度越大及变形温度越低，金属中内应力越大。

（3）热应力。由于金属外层和内层之间温度不同，钢产生热应力。冷却速度越快，这些热应力越大。在无组织转变的钢以及在温度高于600℃时结束转变的钢中，裂纹仅仅在零件的中心区域产生。

（4）组织应力。在透硬淬火工具钢中通常仅仅发现从表面往深方向发展的裂纹，而且这些裂纹淬火后经过一段时间才出现。在透硬淬火钢中形成裂纹的这种特征与钢中由于组织转变而出现的附加应力有关。

奥氏体向马氏体转变时产生钢的体积膨胀。体积膨胀以很大的速度进行，因为过冷奥氏体分解时形成马氏体针以近似声速的速度进行。由于奥氏体在快速冷却和低温时分解，所以此过程发生在低塑性钢中。

钢中冷却时由于所列举的因素而产生的应力部分相互抵消，部分叠加。大多数情况下裂纹在常温时出现，有时不太大的外界影响，如敲打、划痕、局部温度变化、砂轮清理钢的不均匀性、显微孔隙、砂眼、气泡、非金属夹杂及所有大块碳化物聚集，无论在制品中心，还是在其表面都能促使出现裂纹。

10 号钢、15 号钢在 900 ~ 1000℃ 产生红脆，形成小裂纹；40Cr 容易产生点状偏析，在高温、大变形量的热加工条件下，点状偏析处容易产生裂纹；20CrMnTi 容易产生低倍夹杂，它是 TiO_2 和 TiN 的聚集，容易产生气泡、缩孔，同时锰的导热性差，容易产生应力裂纹。

5.2.4 探伤的操作

当实际探伤时，探伤仪、频率、探头等都是固定的，多数情况下直接采用相应的标准，所以明确这些条件，力图和用户的规定相统一。

大型轴类锻件超声波探伤时，出现的 $\phi 2 \sim 3$ 小当量密集缺陷的实质，除了部分是白点外，更多的是微细裂纹、微区疏松、孔洞、针孔等缺陷。

大部分缺陷对底波都有影响，影响的大小因缺陷的性质、大小、位置及方向不同而异，密集分布的白点和夹杂物对底波都有影响，但程度不同。白点的反射率高，夹杂物的透射率高，因此白点对底波的衰减比夹杂物大，在同样的灵敏度下，白点的多次底波下降很快，呈现次数少。夹杂物多次底波下降慢，呈现的次数较多。因为白点属于裂纹性缺陷，因此会降低检测的灵敏度，缺陷波下降较慢而底波下降较快。

裂纹内夹杂物多有空气存在，空气的声阻抗数量级约为 10^2，而金属材料的声阻抗数量级约为 10^6，可见空气和金属材料的声学特性相差很大。裂纹与基体材料的边界是“软”边界。

通过分析超声波在介质中的传播特性以及大型锻件内部缺陷的声学特性可知，各种缺陷的边界特性均可归纳为两大类：

(1) 由于夹杂物（渣）等成分主要是 Si、Al、Fe 等的氧化物，故可说钢中的非金属夹杂物是气体在钢中存在的一种形式。这类材料的声学特性阻抗小于金属基体的声特性阻抗，所以这类缺陷与基体材料的边界可被认为是“软”边界，即裂纹、白点、缩孔、气泡、非金属夹杂物的边界属于“软”边界，超声波垂直入射在这种界面上时反射回波的相位改变为 180°。

(2) 高密度金属夹杂物的边界属于“硬”边界，超声波垂直入射在这种界面上时其反射回波的相位与入射波相位相同。高密度金属夹杂物有钨、钼等。钨的声阻抗约为 $(83.2 \sim 104.2) \times 10^5$，钼的声阻抗为 63.8×10^5，而一般锻件用材料的声阻抗在 $(39.4 \sim 45.6) \times 10^5$，因此这类高密度金属材料的声阻抗大于锻件基体材料的声阻抗，这类缺陷与基体材料的边界可被认为是“硬”边界。对于裂纹、白点、缩孔、气泡以及非金属夹杂物，尽管其声阻抗不相同，但都可以计算出其反射率和透射率，这两个参数反映了超声回波信号的幅度衰减水平。非金属夹杂物与基体组织的声阻抗差异最小，透射率高，因此其回波衰减非常严重，表现为检测时底波幅度小甚至没有底波；白点反射波很强，但由于其成群出现，故在检测时波形表现为缺陷信号清晰而群集；裂纹缺陷的反射波强烈且单一存在，非常清晰；缩孔缺陷由于其周围有大量夹杂物，同时其表面非常粗糙，故反射波会产生较大的衰减。

附　　录

附录 A　热轧棒材超声波/涡流探伤规程

1　适用范围

本规程规定了热轧棒材超声波/涡流探伤工作程序及设备操作规程，适用于德国 Karl 公司和 Rohmann 公司引进的全自动超声波/涡流探伤检测设备。

2　引用标准

GB 9445　《无损检测人员技术资格鉴定通则》

YB 4083　《涡流探伤系统综合性能测试方法》

GB/T 11260　《钢棒涡流探伤标准》

JIS G0568　《钢的涡流探伤检测方法》

GB 4162　《锻轧钢棒超声波检测方法》

ZBY 230A　《型脉冲反射式超声波探伤仪通用技术条件》

YB 4082　《超声探伤系统综合性能测试方法》

3　工作内容

3.1　热轧棒材超声波/涡流探伤程序

根据产品技术要求由分厂下发探伤通知单，由探伤或矫直操作人员校对所需探伤钢种、炉号、规格、件数或支数之后，才能进行钢材表面的抛丸、剥皮、矫直、倒角和探伤处理。

来料应满足下列要求。

弯曲度：<2mm/m。

棒材端头：不得有飞边和毛刺以及影响探伤的马蹄头。

棒材表面：应经抛丸或剥皮处理，其表面无影响探伤要求的氧化皮及污物以及无明显的螺旋纹、磨削伤、凹坑等缺陷。

探伤设备通电后，必须进行不小于15min的系统预运转。

使用超声波脉冲反射法技术和点式涡流探伤技术，对比试样通过检测设备时，探伤设备应调整到清楚的伤波的信号。这种信号用来设定检查设备的触发－报警电平。在对比试样上刻有多个人工槽和人工孔的情况下，所得到的信号幅值用来设定检测设备的触发－报警电平。

在设定期间，对比试样和点式线圈（或超声探头）之间的相对移动速度，应与被检钢棒探伤检测时的相对移动速度相同，并采用相同的设备设定值，如频率、灵敏度、相位、闸门、滤波器等。为提高检测能力，设定的灵敏度可相应提高2dB。

完成上述调试后即可进行正常检验。

钢棒进行探伤检验期间，应定期检查和校对设备的设定值，其方式是采用静态对比试样。检查和校对设备设定值的频率至少每2小时校对一次，并且在设备操作人员交换或在探伤检验开始和结束时各校对一次。

在连续探伤检验期间，任何时间对设备功能发生怀疑时，都要对设定值加以校对。如果设备灵敏度降低，允许提高3dB，此时，若仍然不能使对比试样上每个人工缺陷均报警，则按下列规定进行：

（1）重新校准设备，然后把上次校对后检查过的所有钢棒全部复探。

（2）若上次设定以后测量的灵敏度下降了3dB，但只要每根钢棒检查记录清楚可识别，并能精确地区别是合格棒材或可疑钢棒，就可不必对钢棒进行重新检测。只需重新对设备进行设定，继续检测。

（3）点式线圈涡流探伤技术，其综合性能的测试方法应符合YB 4083的规定。超声波探伤技术，其综合性能的测试方法应符合YB 4082规定。

(4) 在自动检测状态下，被检测钢棒逐支通过检测主机，钢棒将被自动检测。有缺陷的钢棒将被自动打标记，分选并打印探伤记录。

3.1.1 合格棒材

任一钢棒通过检测主机（超声、涡流）时，其产生的信号低于触发－报警电平，判定为该钢棒经涡流，超声探伤检验合格。

3.1.2 不合格钢棒

任一钢棒通过检测主机（超声、涡流）时，其产生的信号等于或高于触发－报警电平，则该钢棒应判定为超声检测不合格钢棒，涡流检测可疑钢棒。

3.1.3 涡流检测可疑钢棒的处置

对于可疑钢棒，取决于产品标准的规定，可以采取下列一种或几种措施处置：

(1) 可疑钢棒的怀疑部位，可加以修磨，检查修磨后钢棒的直径在允许偏差的范围内，然后将该钢棒按技术标准规定的方法重新进行涡流探伤检验，若产生的信号不再等于或高于触发－报警电平，则该钢棒被判定为合格。

(2) 可疑钢棒的怀疑部位被切除，则该钢棒应判定为合格。

(3) 可疑钢棒判定为未通过涡流探伤检测的不合格钢棒。

3.1.4 超声波检测钢棒的处置

(1) 采用手提超声波仪器进行复查。

(2) 探伤合格的钢棒打捆、称重、标识，存放在探伤合格区域，对探伤不合格的钢棒打捆、称重、标识，存放在探伤不合格区域。

(3) 探伤原始记录必须详细，并记录下探伤参数及可探伤钢棒的规格、炉号、钢种、等级、合格品（不合格品）支数或件数。

(4) 探伤完一炉校对一炉通知单，发一炉报告。探伤记录按 ISO 9002 质量体系要求保存。

3.2 点式涡流探伤设备操作规程

3.2.1 检测要求

3.2.1.1 对比试棒

试样用于涡流检测设备灵敏度的校验。

试样人工缺陷为 3 个，除在试样两端部 50mm 处各加工一个，另外一个处于试样中间部位，人工伤为纵向槽，尺寸为 30mm ×0.1mm ×0.2mm（0.4∶0.6）（长 × 宽 × 深）。

对比试样人工伤需经计量鉴定合格方可投入使用。

3.2.1.2 检测设备

涡流检测设备主机有两个高速旋转点式探头，主要检测钢棒表面缺陷，钢棒检测速度高达 90m/min。

涡流检测设备，每半年按照 YB 4083 规定进行测试，并发布检测报告，其测试设备指标应满足标准要求。

涡流检测设备综合性能指标符合以下要求：

（1）灵敏度波动≤3dB；

（2）信噪比≥9dB；

（3）端部不可探盲区≤50mm；

（4）误报率≤2%；

（5）漏报率 0；

（6）稳定性满足（1）、（2）。

涡流检测设备维护后必须经检验合格才能使用，并应将检验结果记录完整。

3.2.2 操作人员要求

检测人员应按 GB 9445 标准要求，经培训并取得Ⅰ级资格证书才能从事无损检测工作，签发或审核检测报告的人员必须具有Ⅱ级以上资格证书。

3.2.3 钢棒检测程序

（1）被检验钢棒表面经抛丸或剥皮处理，弯曲度达到规定要求，其表面无影响探伤要求的氧化皮污物，以满足检测要求。

（2）首先打开总开关。

(3) 开启控制开关，此时主控柜的电源指示灯显示 Calira-tion，开启计算机，再开启显示器。

(4) 从主控柜门上选择开关 Table EC 来调整涡流主机的高度，其中包括：

1) 电气柜上调整主机高度，使其与将要检测的棒材规格相符。

2) 换规格时，根据表附录 A－1 要求调整或更换涡流导套及探头线圈间距，并根据探伤材料的探伤标准规定选择相应的标准样棒校验系统的起始灵敏度。

表附录 A－1

棒材直径/mm	导套内径/mm	刻度盘尺寸/mm
>ϕ15～30	棒材直径＋1.5	棒材直径＋1.5
>ϕ30～60	棒材直径＋2	棒材直径＋2
>ϕ60～100	棒材直径＋3	棒材直径＋3

3) 手动检测状态，将第一根棒材缓慢通过检测主机，调整压轮高度以确认机械设备准确性。

(5) 打开计算机检测界面，选探伤参数选择菜单，在涡流探伤参数中，操作者根据检测对象、规格正确选择涡流探伤参数，然后点启用涡流。

(6) 在检测画面中选程序菜单，加载所选择的涡流参数，并在操作人（B）中输入 1、2、3 或 4（分别代表 4 个班），然后按确定按钮，在统计信息表中输入钢种、炉号、规格、探伤方法、检测标准，最后按确定按钮进入调整状态准备探伤。

(7) 检测前的校定。

利用同规格试样，进行动态校定探伤仪，使它符合基本探伤工艺。

(8) 开始检测。

检测设备状态的绿灯闪动后，按 Automatic 开始自动探伤。

在自动检测状态下，被检测工件通过检测主机，工件将自动检测，有缺陷的钢棒自动打标分选。

3.2.4 关机程序

（1）探伤结束后退出操作系统，关闭计算机主机。

（2）关闭涡流探头旋转开关。

（3）关闭涡流探伤仪的主电源开关。

（4）清洗喷枪，关闭设备总电源。

3.3 超声波检测设备操作规程

3.3.1 检测要求

3.3.1.1 对比试棒

试样由德国制造，型号 KSH－60H. S. W，用于超声波探伤灵敏度的校验（通过计算机参数调整，静态校验）。

动态测试试棒人工缺陷为 3 个，除在试样两端不大于 50mm 处各加工一个，另外一个处于试样中间部位，埋藏深度为钢棒直径 1/2 位置，用于测试整套设备综合性能指标。

3.3.1.2 检测设备

超声波检测设备主机采用九个超声探头，水浸法耦合。每三个探头为一组，每组有一个垂直入射超声纵波探伤，主要检测钢棒中心内部缺陷；两个倾斜入射超声横波探伤，检测钢棒的近表面缺陷。三组探头沿钢棒周向 120°分布，钢棒检测速度高达 1.5m/s。

超声波检测设备，每半年按照 YB 4083 规定进行测试，并发布检测报告，其测试设备指标应满足标准要求。

超声波检测设备综合性能指标符合以下要求：

（1）灵敏度波动≤3dB；

（2）信噪比≥10dB；

（3）端部不可探盲区≤50mm；

（4）误报率≤2%；

（5）漏报率 0；

（6）稳定性满足（1）、（2）。

超声波检测设备维护后必须经检验合格才能使用，并应将检验结果记录完整。

3.3.1.3 探头

超声波检测设备用的探头工作频率为4kHz，晶片直径ϕ6mm、ϕ10mm，采用长聚焦形式。

若操作人员发现探头灵敏度下降而不能达到要求的标准灵敏度，或者出现噪声及一些干扰妨碍探伤时，必须更换具有相同参数的探头。

3.3.2 操作人员要求

检测人员应按GB 9445标准要求，经培训并取得Ⅰ级资格证书才能从事无损检测工作，签发或审核检测报告的人员必须具有Ⅱ级以上资格证书。

3.3.3 钢棒检测方法

热轧钢棒采用纵波、横波脉冲反射法，水浸聚焦探头进行检测。

3.3.4 检测工艺

3.3.4.1 钢棒准备

被检验钢棒表面经抛丸或剥皮处理，弯曲度达到规定要求，其表面无影响探伤要求的氧化皮污物，以满足检测要求。

3.3.4.2 钢棒检测程序

（1）首先打开总开关。

（2）开启控制开关，此时主控柜的电源指示灯显示Calira-tion，开启计算机，再开启显示器。

（3）从主控柜门上选择开关Table US来调整超声波主机的高度，其中包括：

1）电气柜上调整主机高度，使其与将要检测的棒材规格相符。

2）调整主机的孔径使其与将要检测的棒材相符。

3）手动检测状态，将第一根棒材缓慢通过检测主机，调整压轮高度以确认机械设备准确性。

（4）检测前的校定。利用 KSH－60H. S. W 试块，进行静态校定探伤仪，使它符合基本探伤工艺。

（5）超声－计算机参数。

1）打开计算机检测界面，选探伤参数选择菜单，在超声波探伤参数（USEL）中，操作者根据检测对象、规格正确选择超声波探伤参数。

2）探伤仪灵敏度自动校验，质量等级标准由双方协议执行。

3）在检测画面中选程序菜单，加载所选择的超声波参数，并在操作人（B）中输入 1、2、3 或 4（分别代表 4 个班），然后按确定按钮，在统计信息表中输入钢种、炉号、规格、探伤方法、检测标准，最后按确定按钮进入调整状态准备探伤。

4）检测设备状态的绿灯闪动后，按 Automatic 开始自动探伤。

5）动态测试试棒人工缺陷均报警。

6）在自动检测状态下，被检测工件通过检测主机，工件将自动检测，有缺陷的钢棒自动打标分选。

（6）关机。探伤结束后退出操作系统，关闭计算机主机。清洗喷枪，关闭设备总电源。

附录 B　锻件质量物理检验的内容和方法

1　锻件质量检验的内容

锻件缺陷的存在，有的会影响后续工序处理质量或加工质量，有的则严重影响锻件的性能及使用，甚至极大地降低制成品件的使用寿命，危及安全。因此为了保证或提高锻件的质量，除在工艺上加强质量控制，采取相应措施杜绝锻件缺陷的产生外，还应进行必要的质量检验，防止带有对后续工序（如热处理、表面处理、冷加工）及使用性能有恶劣影响的缺陷的锻件流入后续工序。经质量检验后，还可以根据缺陷的性质及影响使用的程度对已制锻件采取补救措施，使之符合技术标准或使用的要求。

因此，锻件质量检验从某种意义上讲，一方面是对已制锻件的质量把关，另一方面则是给锻造工艺指出改进方向，从而保证锻件质量符合锻件技术标准的要求，并满足设计、加工、使用上的要求。

锻件质量的检验包括外观质量及内部质量的检验。外观质量检验主要指锻件的几何尺寸、形状、表面状况等项目的检验；内部质量的检验则主要是指锻件化学成分、宏观组织、显微组织及力学性能等各项目的检验。

具体来说，锻件的外观质量检验也就是检查锻件的形状、几何尺寸是否符合图样的规定，检验锻件的表面是否有缺陷及缺陷的性质、形态特征。表面状态的检验内容一般是检查锻件表面是否有表面裂纹、折叠、折皱、压坑、橘皮、起泡、斑疤、腐蚀坑、碰伤、外来物、未充满、凹坑、缺肉、划痕等缺陷。而内部质量的检验就是检查锻件本身的内在质量，是外观质量检查无法发现的质量状况，它既包含检查锻件的内部缺陷，也包含检查锻件的力学性能，而对重要件、关键件或大型锻件还应进行化学成分分析。内部缺陷可通过低倍检查、断口检查、高倍检查的方法来检验锻件是否存在诸如内裂、缩孔、疏松、粗晶、白点、树枝状结晶、流线不符合外形、流线紊乱、穿流、粗晶环、氧化膜、分层、过热、过烧组织等缺陷。而对于力学性能主要是检查常温抗拉强度、塑性、韧性、硬度、疲劳强度、高温瞬时断裂强度、高温持久强度、持久塑性及高温蠕变强度等。

锻件制成零件后，在使用过程中的受力情况、重要程度、工作条件不同，其所用材料和冶金工艺也不同，因此不同的部位依据上述情况并按照本部门的要求将锻件分出类别，不同的部门、不同的标准对锻件的分类也是不同的。整体来说，锻件质量检验都离不开两大类检验，即外观质量和内部质量的检验，只不过锻件的类别不同，其具体的检验项目、检验数量和检验要求不同。例如，有的工业部门将结构钢、不锈钢、耐热钢锻件分成Ⅳ类进行检验，还有的部门将铝合金、铜合金锻件分成Ⅳ类进行检验。表附录B－1是结构钢、不锈钢、耐热钢锻件分成Ⅳ类的检验要求。

表附录 B-1 结构钢、不锈钢及耐热钢锻件抽检要求

类别	热处理状态	检验项目和数量						
		材料牌号	表面质量和几何尺寸	硬度	力学性能	低倍	断口	晶粒度
Ⅰ	预备	100%检验	100%，当能确保质量时，模锻件的几何尺寸允许抽检	每热处理炉抽检10%，但不少于3件	每熔批抽检1件	每熔批抽检1件	每熔批抽检1件在本体上检验，其余100%在专用余料上检验	每熔批抽检1件
Ⅰ	最终			100%	每熔批抽检1件在本体上检验，其余100%在专用余料上检验			
Ⅱ	预备			每热处理炉抽检10%，但不少于3件	每熔批抽检1件	每熔批抽检1件	按需要每熔批抽检1件	需化学热处理的零件有需要的其他件，每熔批抽检1件
Ⅱ	最终			100%	每熔批抽检1件或在试料上检验			
Ⅲ	预备			每热处理炉抽检5%～10%，但不少于3件	不检验	首批生产或改变主导工艺时抽1件检验金属流线和工艺缺陷	不检验	按需要
Ⅲ	最终			100%				
Ⅳ	预备			每热处理炉抽检5%～10%，但不少于3件	不检验	不检验	不检验	不检验
Ⅳ	最终			每热处理炉抽检10%，但不少于3件，若有一件不合格，则100%检验				

注：1. 各类锻件，无论是否有检验断口的要求，当怀疑锻件过热时，应增加断口检验，奥氏体钢锻件不检查断口；

2. 如另有检验要求，可按专业技术文件中规定进行检验。

由表附录 B－1 可以看出，锻件质量的检验除个别类别的个别项目外均具有抽检性质，抽查合格，表示整个验收批的锻件合乎要求。对于有的类别的锻件规定了不检验项目，不能认为对该类锻件的这些项目不进行控制，而是由于在生产中都采取了相应的质量保证措施，如原材料复验制度、锻件定性制度、定期检验制度、工艺纪律检查制度及合理组批等措施，从而在保证锻件质量的前提下简化检验工序，并保证使用要求。

2　锻件质量检验的方法

当今时代，人们对产品的使用要求更高了，相应对制造产品的锻件也提出了更高的要求，但锻件质量问题的表现形式多而杂，某些类型的锻件缺陷又严重地降低锻件的性能，威胁使用的安全性、可靠性，缩短了使用寿命，这类缺陷的存在后果严重，因此，对锻件质量的检验也提出了更高的要求，即绝不能将带有缺陷的锻件放过去，特别是不能放过那些严重影响使用性能的带有缺陷的锻件。要做到这一点，就要在进行锻件质量的检验和控制时，除充分地沿用常规的检测方法及手段外，也要采用反映当代水平的更快速更准确的检测手段和方法，使之对锻件质量的评估、锻件缺陷性质的判断、产生原因的判断及形成机理的分析更准确，更符合实际，从而保证不放过缺陷锻件，并能采取得当的解决措施来改进和提高锻件质量。

宏观组织检验就是采用目视或者低倍放大镜（一般倍数在 30 倍以下）来观察分析锻件的低倍组织特征的一种检验。对于锻件的宏观组织检验常用的方法有低倍腐蚀法（包括热蚀法、冷蚀法及电解腐蚀法）、断口试验法和硫印法。

低倍腐蚀法用以检查结构钢、不锈钢、高温合金、铝及铝合金、镁及镁合金、铜合金、钛合金等材料锻件的裂纹、折叠、缩孔、气孔偏析、白点、疏松、非金属夹杂、偏析集聚、流线的发布形式、晶粒大小及分布等。不同的材料显现低倍组织时采用的浸蚀剂和浸蚀的规范不同。

断口试验法用以检查结构钢、不锈钢（奥氏体型除外）的白点、层状、内裂等缺陷，检查弹簧钢锻件的石墨碳及上述各钢种的过热、过烧等，对于铝、镁、铜等合金用来检查其晶粒是否细致均匀，是否有氧化膜、氧化物夹杂等缺陷。

硫印法主要应用于某些结构钢的大型锻件，用以检查硫的分布是否均匀及硫含量的多少。

除结构钢、不锈钢锻件用于低倍检查的试片不进行最终热处理外,其余材料的锻件一般都经过最终热处理后才进行低倍检验。

断口试样一般都进行规定的热处理。

超声波检验法用以检查锻件内部缺陷如缩孔、白点、心部裂纹、夹渣等，该方法虽然操作方便、快且经济，但对缺陷的性质难以准确地进行判定。

随着无损检测技术的发展，现在又出现了诸如声振法、声发射法、激光全息照相法、CT 法等新的无损检测方法，这些新方法的出现及在锻件检验中的应用，必将使锻件质量检验的水平得到大大地提高。

3　国内锻件的一些物理检测方法

除 UT 检测外，国内对于锻件的物理检测的部分标准见表附录 B－2。

表附录 B－2　国内部分锻件实验方法标准

检验项目	方法标准代号	检验项目	方法标准代号
化学成分	GB 223	显微组织	GB/T 13298
拉力试验	GB 228		GB/T 13299
冲击试验	GB 229	钢的硫印	GB 4236
高温持久	GB 6395	晶间腐蚀	GB 1223
高温拉伸	GB 3652	冷变试验	GB 232
高　温	GB 2039	高温合金低倍、高倍	GB/T 14999
旋转弯曲疲劳	GB 2107	铝及铝合金显微组织	GB 3246
布氏硬度	GB 231	铝及铝合金低倍组织	GB 3247

续表附录B－2

检验项目	方法标准代号	检验项目	方法标准代号
洛氏硬度	GB/T 230	镁及镁合金显微组织	GB 4296
低倍组织	GB 226	镁及镁合金低倍组织	GB 4297
断口试验	GB 1814	两相钛合金高低倍组织	GB 5168
晶粒度	GB 6394	锻制圆饼超声波检验	GB 1786
脱碳层	GB 224	钢锻件超声波检验	GB/T 6402
非金属夹杂	GB 10561		

附录C 锻件缺陷一览表

缺陷名称		缺陷现象	产生原因
横向裂纹	表面横向裂纹	锻造时坯料表面出现较浅（约10mm深）的横向裂纹或较深的横向裂纹	较浅的裂纹多是皮下气泡未焊合形成的，深裂是由于钢锭浇铸受锭内壁质量或钢水摆动及钢锭与锭模铸合等因素形成的
	内部横向裂纹	在锻件内部产生的横向裂纹	冷锭在低温区加热过快，中心引起较大拉应力造成，或高碳钢和高合金钢塑性较差，在锻造操作相对送进量过小造成的
纵向裂纹	表面纵向裂纹	常在第一次拔长或镦粗时出现	锭模内壁缺陷和新锭模未进行很好的退火，操作不当，高温、高速浇铸，钢锭脱模冷却不当或脱模过早，倒棱时压下量过大，轧制钢锭时产生纵向划痕等
		在坯料近冒口端中心部位出现	由于钢锭冷却时锁孔未集中于冒口部分，锻造时冒口端切头过少，使坯料近冒口端存在二次锁孔或锁孔残余，锻造时则引起纵向裂纹
	内部纵向裂纹	坯料内部出现的纵向裂纹	多是利用平砧拔长圆截面坯料，金属中心部位受拉应力作用所致或因坯料未加热透，内部温度过低，拔长时内部沿纵向裂开等
		坯料内部出现的纵向十字裂纹，一般常出现于高合金钢中	多是由于拔长时送进量过大或在同一部位反复多次锻造
炸裂		一般在坯料锻造前加热时或锻件冷却、热处理后，表面或内部炸开而形成的裂纹	因坯料具有较高的残余应力，在未予消除的情况下，错误地采用快速加热或不适应的冷却引起的裂纹

续表

类别	序号	名称	特 征
一、多肉类缺陷	1－1	飞翅（飞边）	垂直于铸件表面上厚薄不均匀的薄片状金属凸起物，常出现在铸件分型面和芯头部位
	1－2	毛刺	铸件表面上刺状金属凸起物。常出现在型和芯的裂缝处，形状极不规则。呈网状或脉状分布的毛刺称脉纹
	1－3	外渗物（外渗豆）	铸件表面渗出来的金属物。多呈豆粒状，一般出现在铸件的自由表面上，例如明浇铸件的上表面、离心浇注铸件的内表面等。其化学成分与铸件金属往往有差异
	1－4	粘模多肉	因砂型（芯）起模时部分砂块黏附在模样或芯盒上所引起的铸件相应部位多肉
	1－5	冲砂	砂型或砂芯表面局部型砂被金属液冲刷掉，在铸件表面的相应部位上形成的粗糙、不规则的金属瘤状物。常位于浇口附近，被冲刷掉的型砂，往往在铸件的其他部位形成砂眼
	1－7	胀砂	铸件内外表面局部胀大，重量增加的现象。由型壁退移引起
	1－8	抬型（抬箱）	由于金属液的浮力使上型或砂芯局部或全部抬起，使铸件高度增加的现象
二、孔洞类缺陷	2－1	气孔	铸件内由气体形成的孔洞类缺陷。其表面一般比较光滑，主要呈梨形、圆形和椭圆形。一般不在铸件表面露出，大孔常孤立存在，小孔则成群出现
	2－2	气缩孔	分散性气孔与缩孔和缩松合并而成的孔洞类铸造缺陷
	2－3	针孔	一般为针头大小分布在铸件截面上的析出性气孔。铝合金铸件中常出现这类气孔，对铸件性能危害很大
	2－4	表面针孔	成群分布在铸件表层的分散性气孔。其特征和形成原因与皮下气孔相同，通常暴露在铸件表面，机械加工后即可去掉
	2－5	皮下气孔	位于铸件表皮下的分散性气孔。为金属液与砂型之间发生化学反应产生的反应性气孔。形状有针状蝌蚪状、球状、梨状等。大小不一，深度不等。通常在机械加工或热处理后才能发现

续表

类别	序号	名称	特　　征
二、孔洞类缺陷	2-6	呛火	浇注过程中产生的大量气体不能顺利排出，在金属液内发生沸腾，导致在铸件内产生大量气孔，甚至出现铸件不完整的缺陷
	2-7	缩孔	铸件在凝固过程中，由于补缩不良而产生的孔洞。形状极不规则、孔壁粗糙并带有枝状晶，常出现在铸件最后凝固的部位
	2-8	缩松	铸件断面上出现的分散而细小的缩孔。借助高倍放大镜才能发现的缩松称为显微缩松。铸件有缩松缺陷的部位，在气密性试验时可能渗漏
	2-9	疏松（显微缩松）	铸件缓慢凝固区出现的很细小的孔洞。分布在枝晶内和枝晶间。是弥散性气孔、显微缩松、组织粗大的混合缺陷，使铸件致密性降低，易造成渗漏
	2-10	渗漏	铸件在气密性试验时或使用过程中发生的漏气、渗水或渗油现象。多由于铸件有缩松、疏松、组织粗大、毛细裂纹、气孔或夹杂物等缺陷引起
三、裂纹冷隔类缺陷	3-1	冷裂	铸件凝固后在较低温度下形成的裂纹。裂口常穿过晶粒延伸到整个断面
	3-2	热裂	铸件在凝固后期或凝固后在较高温度下形成的裂纹。其断面严重氧化，无金属光泽，裂口沿晶粒边界产生和发展外形曲折而不规则
	3-3	缩裂（收缩裂纹）	由于铸件补缩不当、收缩受阻或收缩不均匀而造成的裂纹。可能出现在刚凝固之后或在更低的温度
	3-4	热处理裂纹	铸件在热处理过程中产生的穿透或不穿透的裂纹。其断面有氧化现象
	3-5	网状裂纹（龟裂）	金属型和压铸型因受交变热机械作用发生热疲劳，在型腔表面形成的微细龟壳状裂纹。铸型龟裂在铸件表面形成龟纹缺陷
	3-6	白点（发裂）	钢中主要因氢的析出而引起的缺陷。在纵向断面上，它呈现近似圆形或椭圆形的银白色斑点，故称白点；在横断面宏观磨片上，腐蚀后则呈现为毛细裂纹，故又称发裂

续表

类别	序号	名称	特　征
三、裂纹冷隔类缺陷	3-7	冷隔	在铸件上穿透或不穿透，边缘呈圆角状的缝隙。多出现在远离浇口的宽大上表面或薄壁处、金属流汇合处以及冷铁、芯撑等激冷部位
	3-8	浇注断流	铸件表面某一高度可见的接缝。接缝的某些部分熔合不好或分开。由浇注中断而引起
	3-9	重皮	充型过程中因金属液飞溅或液面波动，型腔表面已凝固金属不能与后续金属熔合所造成的铸件表皮折叠缺陷
四、表面缺陷	4-1	表面粗糙	铸件表面毛糙、凹凸不平，其微观几何特征超出铸造表面粗糙度测量上限，但尚未形成粘砂缺陷
	4-2	化学粘砂	铸件的部分或整个表面上，牢固地黏附一层由金属氧化物、砂子和黏土相互作用而生成的低熔点化合物。硬度高，只能用砂轮磨去
	4-3	机械粘砂（渗透粘砂）	铸件的部分或整个表面上黏附着一层砂粒和金属的机械混合物。清铲粘砂层时可以看到金属光泽
	4-4	夹砂结疤（夹砂）	铸件表面产生的疤片状金属凸起物。其表面粗糙，边缘锐利，有一小部分金属和铸件本体相连，疤片状凸起物与铸件之间夹有一层砂
	4-5	涂料结疤	由于涂层在浇注过程中开裂，金属液进入裂缝，在铸件表面产生的疤痕状金属凸起物
	4-6	沟槽	铸件表面产生较深（>5mm）的边缘光滑的凹痕。通常有分枝，多发生在铸件的上、下表面
	4-7	粘型	熔融金属黏附在金属型腔表面的现象
	4-8	龟纹（网状花纹）	磁力探伤时熔模铸件表面出现的龟壳状网纹缺陷，多出现在铸件过热部位。（1）因浇注温度和型壳温度过高，金属液与型壳内 Na_2O 残留量过高而析出的“白霜”发生反应所致。（2）因型腔表面龟裂而在金属塑铸件或压铸件表面形成的网状花纹缺陷
	4-9	流痕（水纹）	压铸件表面与金属流动方向一致的，无发展趋势且与基体颜色明显不一样的微凸或微凹的条纹状缺陷

续表

类别	序号	名称	特征
四、表面缺陷	4-10	缩陷	铸件的厚断面或断面交接处上平面的塌陷现象。缩陷的下面有时有缩孔。缩陷有时也出现在内缩孔附近的表面
	4-11	鼠尾	铸件表面出现较浅(<5mm)的带有锐角的凹痕
	4-12	印痕	因顶杆或镶块与型腔表面不齐平，而在金属型铸件或压铸件表面相应部位产生的凸起或凹下的痕迹
	4-13	皱皮	铸件上不规则的粗粒状或皱褶状的表皮。一般带有较深的网状沟槽
	4-14	拉伤	金属型铸件和压铸件表面由于与金属型啮合或黏结，顶出时顺出型方向出现的擦伤痕迹
五、残缺类缺陷	5-1	浇不到（浇不足）	铸件残缺或轮廓不完整或虽然完整但边角圆且光亮。常出现在远离浇口的部位及薄壁处。其浇注系统是充满的
	5-2	未浇满	铸件上部产生缺肉，其边角略呈圆形，浇冒口未浇满，顶面与铸件平齐
	5-3	型漏（漏箱）	铸件内有严重的空壳状残缺。有时铸件外形虽较完整，但内部的金属已漏空，铸件完全呈壳状，铸型底部有残留的多余金属
	5-4	损伤(机械损伤)	铸件受机械撞击而破损，残缺不完整的现象
	5-5	跑火	因浇注过程中金属液从分型面处流出而产生的铸件分型面以上的部分严重凹陷，有时会沿未充满的型腔表面留下类似飞翅的残片
	5-6	漏空	在低压铸造中，由于结晶时间过短，金属液从升液管漏出，形成类似型漏的缺陷
六、形状及重量差错类缺陷	6-1	铸件变形	铸件在铸造应力和残余应力作用下所发生的变形及由于模样或铸型变形引起的变形
	6-2	形状不合格	铸件的几何形状不符合铸件图的要求
	6-3	尺寸不合格	在铸造过程中由于各种原因造成的铸件局部尺寸改全部尺寸与铸件图的要求不符
	6-4	拉长	由于凝固收缩时铸型阻力大而造成的铸件部分尺寸比图样尺寸大的现象

续表

类别	序号	名称	特征
六、形状及重量差错类缺陷	6-5	挠曲	(1)铸件在生产过程中,由于残余应力、模样或铸型变形等原因造成的弯曲和扭曲变形; (2)铸件在热处理过程中因未放平正或在外力作用下而发生的弯曲和扭曲变形
	6-6	错型（错箱）	铸件的一部分与另一部分在分型面处相互错开
	6-7	错芯	由于砂芯在分芯面处错开,铸件孔腔尺寸不符合铸件的要求
	6-8	偏芯（漂芯）	由于型芯在金属液作用下漂浮移动,使铸件内孔位置、形状和尺寸发生偏错,不符合铸件图的要求
	6-9	型芯下沉	由于芯砂强度低或芯骨软,不足以支撑自重,使型芯高度降低、下部变大或下弯变形而造成的铸件变形缺陷
	6-10	串皮	熔模铸件内腔中的型芯露在铸件表面,使铸件缺肉

附录D　铸件及锻件超声波检测概述

锻件和铸件是各种机械设备及锅炉压力容器的重要毛坯件。

1　铸件超声波探伤

由于铸件晶粒粗大、透声性差、信噪比低，所以探伤困难大，它是利用具有高频声能的声束在铸件内部的传播中，碰到内部表面或缺陷时产生反射而发现缺陷。反射声能的大小是内表面或缺陷的指向性和性质以及这种反射体的声阻抗的函数，因此可以应用各种缺陷或内表面反射的声能来检测缺陷的存在位置、壁厚或者表面下缺陷的深度。超声检测作为一种应用比较广泛的无损检测手段，其主要局限性在于：对于轮廓尺寸复杂和指向性不好的断开性缺陷的反射波形解释困难；对于不合适的内部结构，例如晶粒大小、组织结构、多孔性、夹杂含量或细小的分散析出物等，同样妨碍波形解释；另外，检测时需要参考标准试块。

2 锻件超声波探伤

2.1 锻件加工及常见缺陷

锻件是由热态钢锭经锻压变形而成。锻压过程包括加热、形变和冷却。锻件缺陷可分为铸造缺陷、锻造缺陷和热处理缺陷。铸造缺陷主要有：缩孔残余、疏松、夹杂、裂纹等。锻造缺陷主要有：折叠、白点、裂纹等。热处理缺陷主要是裂纹。

缩孔残余是铸锭中的缩孔在锻造时切头量不足残留下来的，多见于锻件的端部。

疏松是钢锭在凝固收缩时形成的不致密和孔穴，锻造时因锻造比不足而未全溶合，主要存在于钢锭中心及头部。夹杂有内在夹杂、外来非金属夹杂和金属夹杂。内在夹杂主要集中于钢锭中心和头部。

裂纹有铸造裂纹、锻造裂纹和热处理裂纹等。奥氏体钢轴心晶间裂纹就是铸造引起的裂纹。锻造和热处理不当，会在锻件表面或芯部形成裂纹。

白点是锻件氢含量较高，锻后冷却过快，钢中溶解的氢来不及逸出，造成应力过大引起的开裂。白点主要集中于锻件大截面中心。白点在钢中总是成群出现。

2.2 探伤方法概述

按探伤时间分类，锻件探伤可分为原材料探伤和制造过程中的探伤，产品检验及在役检验。

原材料探伤和制造过程中探伤的目的是及早发现缺陷，以便及时采取措施避免缺陷发展扩大造成报废。产品检验的目的是保证产品质量。在役检验的目的是监督运行后可能产生或发展的缺陷，主要是疲劳裂纹。

2.2.1 轴类锻件的探伤

轴类锻件的锻造工艺主要是以拔长为主，因而大部分缺陷的取向与轴线平行，此类缺陷的探测以纵波直探头从径向探测效果最佳。考虑到缺陷会有其他的分布及取向，因此轴类锻件探伤，还应辅以直探头轴向探测和斜探头周向探测及轴向探测。

2.2.2 饼类、碗类锻件的探伤

饼类和碗类锻件的锻造工艺主要以镦粗为主，缺陷的分布主要平行于端面，所以用直探头在端面探测是检出缺陷的最佳方法。

2.2.3 筒类锻件的探伤

筒类锻件的锻造工艺是先镦粗，后冲孔，再滚压。因此，缺陷的取向比轴类锻件和饼类锻件中缺陷的取向复杂。但由于铸锭中质量最差的中心部分已被冲孔时去除，因而筒类锻件的质量一般较好。其缺陷的主要取向仍与筒体外圆表面平行，所以筒类锻件的探伤仍以直探头外圆面探测为主，但对壁较厚的筒类锻件，须加用斜探头探测。

2.3 探测条件的选择

锻件超声波探伤时，主要使用纵波直探头，晶片尺寸为 ϕ14 ~28mm，常用 ϕ20mm。对于较小的锻件，考虑近场区和耦合损耗原因，一般采用小晶片探头。有时为了探测与探测面成一定倾角的缺陷，也可采用一定 K 值的斜探头进行探测。对于近距离缺陷，由于直探头的盲区和近场区的影响，常采用双晶直探头探测。

锻件的晶粒一般比较细小，因此可选用较高的探伤频率，常用2.5 ~5.0MHz。对于少数材质晶粒粗大衰减严重的锻件，为了避免出现“林状回波”，提高信噪比，应选用较低的频率，一般为1.0 ~2.5MHz。

锻件铸件是各种机械设备及锅炉压力容器的重要毛坯件。由于铸件晶粒粗大、透声性差，信噪比低，所以探伤难度大。

附录E　船用件超声波探伤规程（英文）（节选）

Non-destructive test method for Marine steel forgings

1 Scope

Unless otherwise specified by means of supplementary ordering information, this is an acceptance specification for the Non-destructive test methods such as ultrasonic and/or magnetic particle examination of Marine Steel Forgings in CYEDM. Considering the characteristics, forgings may be inspected by a combination of both ultrasonic and/or magnetic particle examination, as well as Liquid Penetrate Examination, as mutually agreed upon between the manufacturer and the IACS. The requirements have been adopted from the IACS Recommendation No. 69. "Guidelines for Non-destructive examination of hull and machinery steel forgings", and/or ASTM A388. "Standard Practice for Ultrasonic Examination of Heavy Steel Forgings".

2 Referenced Documents

2.1 IACS Documents:

Recommendation No. 68 Guidelines for non-destructive examination of hull and machinery steel forgings.

2.2 ASTM standards:

A388 Standard Practice for Ultrasonic Examination of Heavy Steel Forgings.

A275 Standard Test Method for Magnetic Particle Examination of Steel Forgings.

A165 Standard practice for Liquid Penetrate Examination for General Industry.

3 Surface Inspection

3.1 General

3.1.1 Surface inspections in these guidelines are to be carried out by visual examination and magnetic particle testing or liquid entrant testing.

3.1.2 The testing procedures, apparatus and conditions of magnetic particle testing are to comply with the ASTM A275.

3.1.3 Personnel engaged in visual examination are to have sufficient knowledge and experience. Personnel engaged in magnetic particle testing are to be qualified in accordance with the Society's Rules. The qualification is to be verified by certificates.

3.2 Magnetic particle inspection

3.2.1 This part describes the method and acceptance criteria o be used for the magnetic particle inspection of forgings manufactured from ferromagnetic materials.

3.2.2 Magnetizing equipment and magnetic particles

3.2.2.1 Magnetizing equipment

3.2.2.1.1 One or more of the following types of magnetizing equipment shall be used:

(a) alternating current electromagnetic yokes

(b) current flow equipment with probes

(c) permanent magnets

(d) magnetic flow equipment with flexible cable or coil

(e) central conductor

(f) magnetic induction

(g) equipment enabling multiple magnetizing techniques, either coincidentally or in sequence.

3.2.3 Basic of application

3.2.3.1 The location on the forgings that are to be subjected to magnetic particle examination.

3.2.3.2 The type, size, number, location, and orientation of indication that are to be considered injurious.

3.2.4 Personnel Requirements

3.2.4.1 Personnel performing the magnetic particle examination to this test method shall qualified and certified in accordance with a written procedure conforming to IACS Documents

3.2.5 Stage of inspection

3.2.5.1 Where indicated by Fig. 1 to Fig. 4, magnetic particle inspection will be carried out with the following exceptions, when liquid penetrate testing will be permitted:

——Austenitic stainless steels;

——Interpretation of open visual or magnetic particle indications;

——At the instruction of Surveyor.

3.2.5.2 Unless otherwise specified by purchaser, acceptance inspection shall be performed on a forging in the final machined surface condition and final thermally treated condition (include stress relief) or within 0.3mm of the final machined surface.

3.2.6 Magnetizing apparatus for forging

3.2.6.1 Portable electromagnetic (ac) yokes shall be used in the dc mode as a magnetizing apparatus, provided the sensitivity to detect crack-like defects is demonstrated to be at least equivalent to that of the direct-magnetization method.

3.2.7 Magnetic particles

3.2.7.1 The inspection medium shall of finely divided ferromagnetic particles, which may be suspended in a suitable liquid medium.

3.2.7.2 The size and shape of the particles, and their magnetic properties, both individually and collectively, are important.

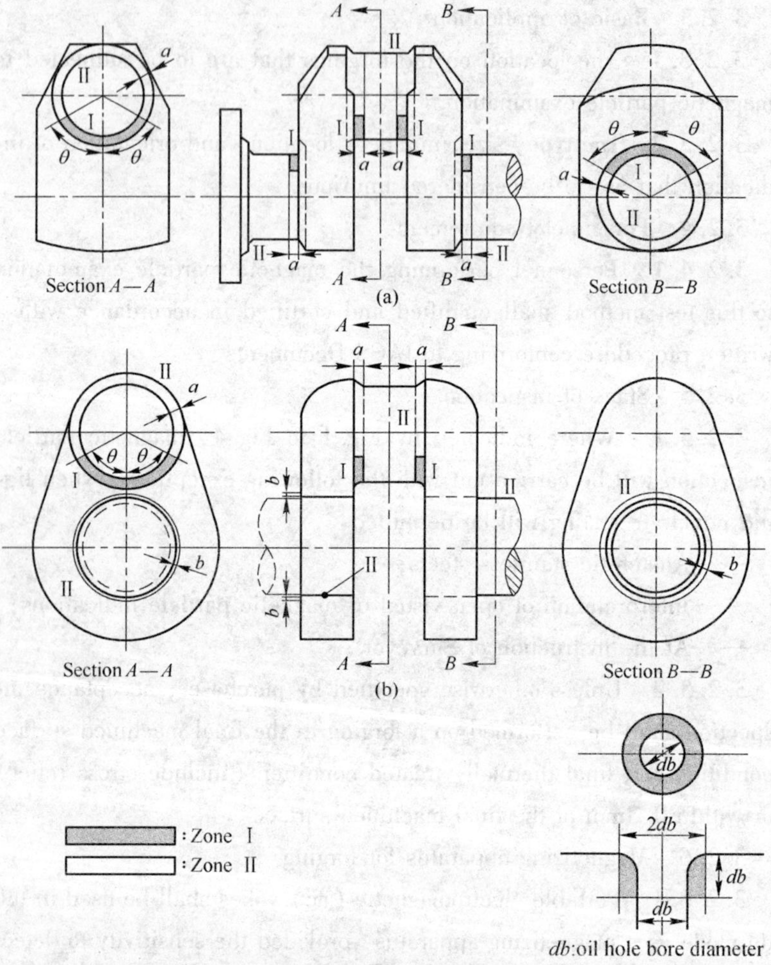

Fig. 1　Zones for magnetic particle/liquid penetrant testing on crankshafts

(a) Solid crankshaft; (b) Semi built-up crankshaft

Notes:

(1) Where the crankpin or journal has oil holes, the circumferential surfaces of the oil holes are to be treated as Zone Ⅰ. (See the figure in the right.)

(2) In the above figures, "θ", "a" and "b" mean:
$\theta = 60°$; $a = 1.5r$; $b = 0.05d$ (circum ferential surfaces of shrinkage fit) where.
r: fillet radius; d: journal diameter.

(3) Identification of the Zones (Similar in Figs. 1 thru 4.).

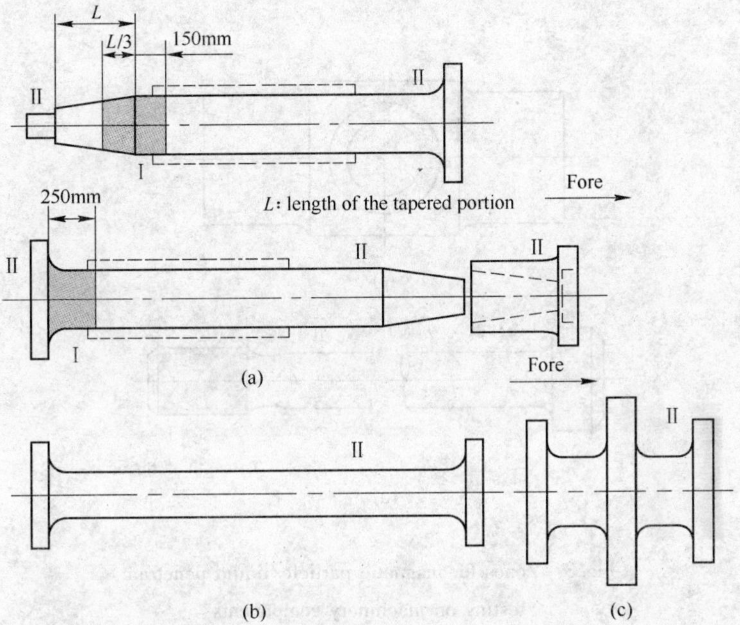

Fig. 2　Zones for magnetic particle/liquid penetrant testing on shafts

(a) Propeller shaft; (b) Intermediate shaft; (c) Thrust shaft

Note: For propeller shaft, intermediate shafts and thrust shafts, all areas with stress raisers such as radial holes, slots and key ways are to be treated as Zone Ⅰ

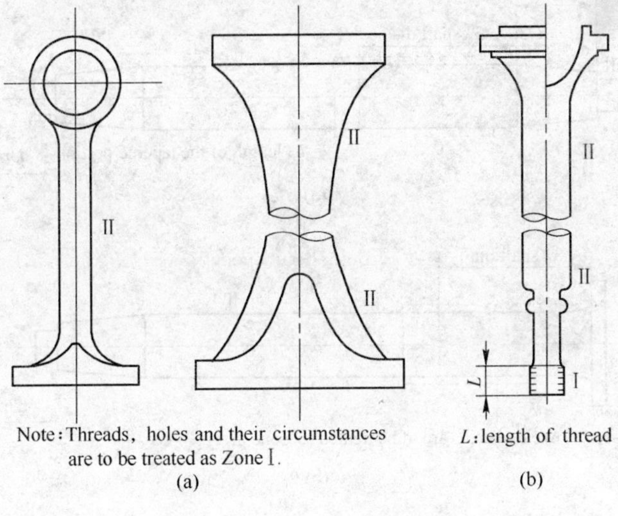

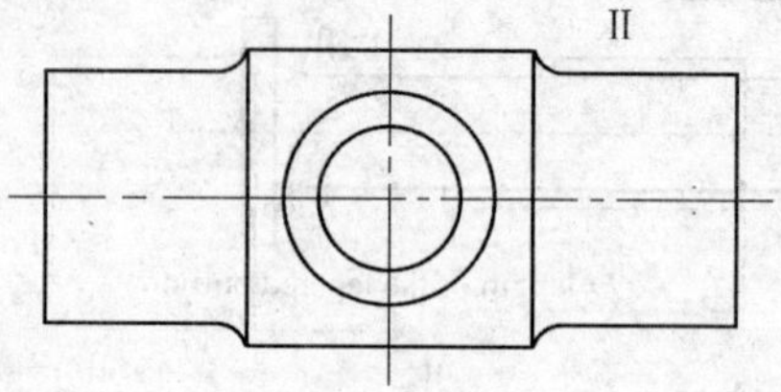

(c)

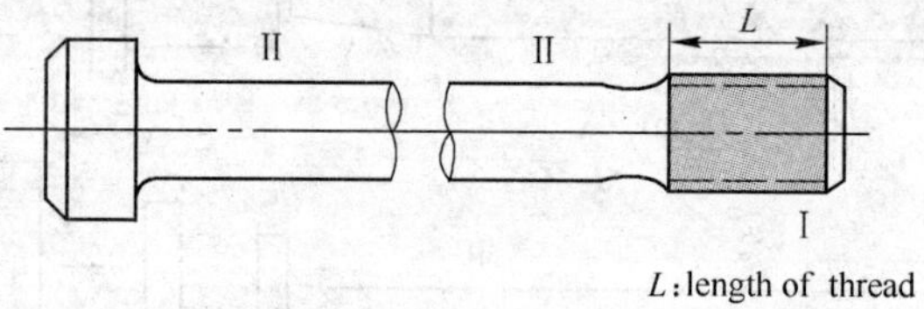

(d)

Fig. 3　Zones for magnetic particle/liquid penetrant testing on machinery components

(a) Connecting rod; (b) Piston rod; (c) Cross head; (d) Bolt

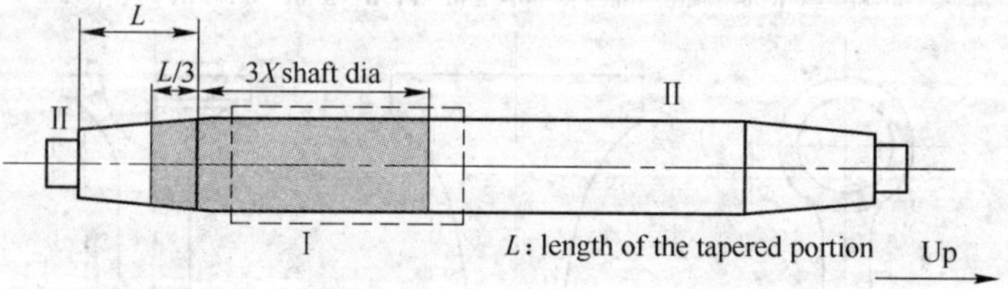

(a)

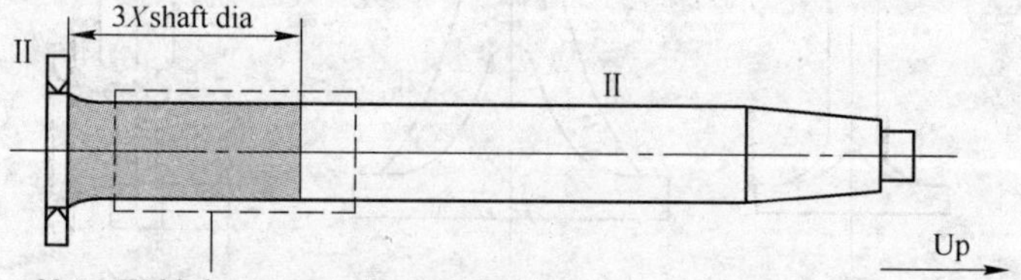

(b)

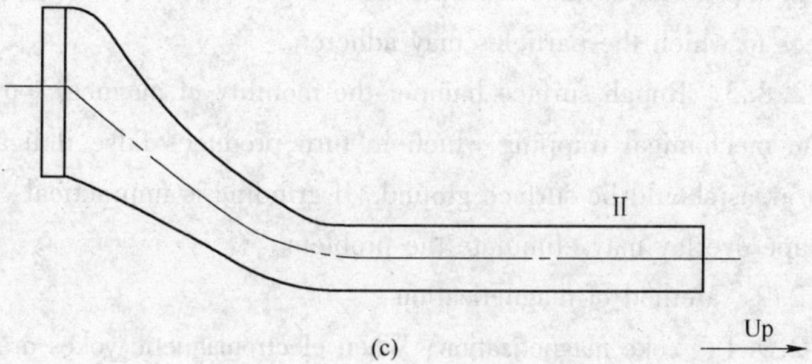

(c)

Fig. 4 Zones for magnetic particle/liquid penetrant testing on rudder stocks

(a) Type A; (b) Type B; (c) Type C

3.2.7.3 The most frequently employed color is black or red for the surface to be examined. The color of the particle should be chosen to provide suitable contrast.

3.2.7.4 The material for the wet method is usually supplied in concentrate form, and the inspection medium shall be prepared by mixing the concentrate with suitable light oil. The approximate characteristics of suitable liquid are as follows:

Viscosity: 46	
Flash point (tag open cup)	65 to 80
Initial boiling point	200
End point	255
Color, Saybolt	25

A suspension of from 1% to 2% solid material by volume shall generally be used. The inspection medium shall be flowed or sprayed over the area being inspected.

3.2.8 Surface preparation

3.2.8.1 To reveal fine defects, the surfaces to be inspected should be smooth machine to at least a fine finish.

3.2.8.2 The surface shall be free of grease, oils, or other substances to which the particles may adhere.

3.2.8.3 Rough surface hamper the mobility of magnetic powders due to mechanical trapping which in turn produces false indication. Such areas should be surface ground. If grinding is impractical, a paper tape overlay may eliminate the problem.

3.2.9 Method of magnetization

3.2.9.1 Yoke magnetization: When electromagnetic yokes are used to magnetize a local area, a longitudinal field is formed between the poles.

3.2.9.2 The yokes may be of the fixed or articulated leg types.

3.2.9.3 Yoke qualification: Direct-current electromagnetic yokes shall have a lifting power of at least 175N at a pole spacing of 75 to 170 mm.

3.2.9.4 Direction of magnetization: At least two separate examination shall be carried out on each area. In the second examination, the lines of magnetic flux shall be approximately perpendicular to those used for the first examination in that area.

3.2.9.5 Pole spacing: Pole spacing shall be limited to 50 to 200 mm.

3.2.9.6 Inspection area: Inspection area is limited to a maximum distance of 1/4 of the pole spacing on either side of a line joining the two poles. Overlapping of pole spacing shall be at least 25 mm.

3.2.9.7 Field Strength

3.2.9.7.1 A magnetic particle field indicator (Fig. 5) where necessary shall be used to established adequacy of the magnetic field. The magnetizing current shall be sufficient to develop the pattern in the indicator clearly.

3.2.10 Interpretation

3.2.11 Demagnetization

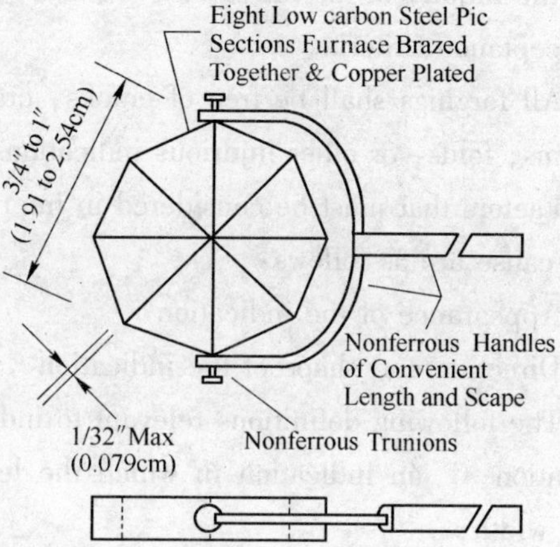

Fig. 5 Magnetic Field Indicator

3.2.11.1 When specified, parts shall be sufficiently demagnetized after inspection so that the residual field will not interfere with future welding or machining operations, magnetic instruments used in the proximity of the part, or so that leakage fields will not occur in areas of dynamic contact surfaces.

3.2.11.2 Demagnetization will not be necessary if the piece is to be subject to an austenitizing treatment prior to future use or machining.

3.2.12 Examination coverage

All examination areas should be conducted with sufficient area overlap (10% to be tested) to assure the required coverage at the specified sensitivity has been obtained.

3.2.13 Examination areas

3.2.13.1 Unless otherwise specified all accessible surface of forging shall be examined. The examination shall be established by mutual agreement between the manufacture and the purchaser and shall be so specified in the inquiry of the Survey.

3.2.14 Acceptance Criteria

3.2.14.1 All forgings shall be free of cracks, crack-like indication, laps, seams, folds, or other injurious indications.

3.2.14.2 Factors that must be considered in interpreting an indication as to its cause are as follows:

3.2.14.3 Appearance of the indication

3.2.14.4 Direction and shape of the indication

3.2.14.5 The following definitions relevant to indications apply:

Linear indication an indication in which the length is at least three times the width;

Nonlinear indication an indication of circular or elliptical shape with a length less than three times the width;

Aligned indication three or more indication in a line, separated by 2mm or less edge-to-edge;

Open indication an indication visible after removal of the magnetic particles;

Non-open indication an indication that is not visually detectable after removal of the magnetic particles;

Relevant indication an indication that is caused by a condition or type of discontinuity that requires evaluation. Only indications which have any dimension greater than 1.5mm shall be considered relevant.

3.2.15 The surface is to be divided into reference areas of $225cm^2$. The area shall be taken in the most unfavorable location relative to the indication being evaluated.

3.2.16 The allowable number and size of indications in the reference area is given in Table 1 for crankshaft forgings and in Table 2 for other forgings, respectively. Cracks are not acceptable.

Table 1　Crankshaft forgings; Allowable number and size of indications in a reference area of $225cm^2$

Inspection Zone	Max. number of indications	Type of indication	Max. number for each type	Max. dimension (mm)
Ⅰ (critical fillet area)	0	Linear Nonlinear Aligned	0 0 0	 — —
Ⅱ (important fillet area)	3	Linear Nonlinear Aligned	0 3 0	— 3.0
Ⅲ (journal surfaces)	3	Linear Nonlinear Aligned	0 3 0	 5.0 —

Table 2　Steel forgings excluding crankshaft forgings; Allowable number and size of indications in a reference area of $225cm^2$

Inspection Zone	Max. number of indications	Type of indication	Max. number for each type	Max. dimension (mm)
Ⅰ	3	Linear Nonlinear Aligned	0[1)] 3 0[1)]	— 3.0
Ⅱ	10	Linear Nonlinear Aligned	3[1)] 7 3[1)]	3.0 5.0 3.0

Note:

1) Linear or aligned indications are not permitted on bolts, which receive a direct fluctuating load, e.g. main bearing bolts, connecting rod bolts, crosshead bearing bolts, cylinder cover bolts.

3.2.17 Report of indications

(a) name of supplier;

(b) order number;

(c) identification of forging (s) under examination;

(d) scope of inspection: surface areas and applicable quality classes;

(e) stage of manufacture at which magnetic particle inspection was performed;

(f) surface condition;

(g) equipment used;

(h) magnetizing technique (s) used;

(i) waveform and flux density and /or tangential field strength for each technique used;

(j) detection media and contrast paint used;

(k) viewing conditions;

(l) reference to the written procedure used (where applicable);

(m) result of inspection:

(1) location;

(2) classification;

(3) orientation and size of all indications exceeding the appropriate recording level;

(4) number of recorded indications un reference surface;

(5) description of unacceptable indications;

(n) level of residual magnetism where required;

(o) Detail of any restrictions to the required coverage;

(p) date of examination;

(q) results;

(r) statement of acceptance/non acceptance;

(s) name, qualification and signature of operator.

3.3 Permanent Recording of Dara

3.3.1　A permanent record of the indications may be made by carefully covering the surface with transparent, adhesive-backed, cellophane tape, The paper is then removed with the particle indication adhering to it. The tape may then be placed on white paper or cardboard and photographed or otherwise reproduced.

3.3.2 If a more accurate reproduction of the indication is desired the following may be used. Once an indication has been detected using the normal examining technique, remove the accumulated powder and place a piece of white paper tape with a gloss surface and a gum adhesive backing over the area containing the indication; reapply the current and dust the tape surface with the powder. Immediately the particles will collect over the discontinuity, and with the current still passing through the test piece, spray the tape surface with a thin coating of acrylic lacquer. Terminate the current flow and remove the tape; this will leave an exact replica of the powder buildup adhering to it.

4 Volumetric inspection

4.1 General

4.1.1 Volumetric inspection is to be carried out by UT using the contact method with straight beam and/or angle beam technique.

4.1.2 The testing procedures, apparatus and conditions of ultrasonic testing are to comply with ASTM A388. Generally the DGS (distance-gain size) procedure is to be applied using straight beam probes and/or angle beam probes with 2 to 4 MHz and inspection should be carried out using a twin crystal 0° for near surface scans (25mm) plus an 0° probe for the remaining volume. Fillet radii should be examined used 45°, 60° or 70°probes.

4.1.3 Personnel engaged in UT is to be qualified in accordance with the Society's Rules. The qualification is to be verified by certificates.

4.2 Products and its zones for UT

4.2.1 Crankshaft with minimum crankpin diameter not less than 150mm;

4. 2. 2 Propeller shafts, intermediate shafts, thrust shafts and rudder stocks with minimum diameter not less than 200mm;

4. 2. 3 connecting robs, piston rods and crosshead with minimum diameter not less than 200mm or equivalent. Cross section;

4. 2. 4 The forgings are to be subject to UT in accordance with Practice ASTM A388/A388M.

4. 2. 5 Zone for UT

4. 2. 5. 1 UT shall be carried out in the zones Ⅰ to Ⅲ as indicated in Fig. 6 to Fig. 9. Areas should be upgraded to a high zone at the discretion of the Surveyors.

4. 3 Preparation of the forging for UT

Surface roughness on the outside and inside shall not exceed 6. 3μm unless otherwise shown on the forging drawing or stated in the order or the contract. All surfaces to be examined shall be free of

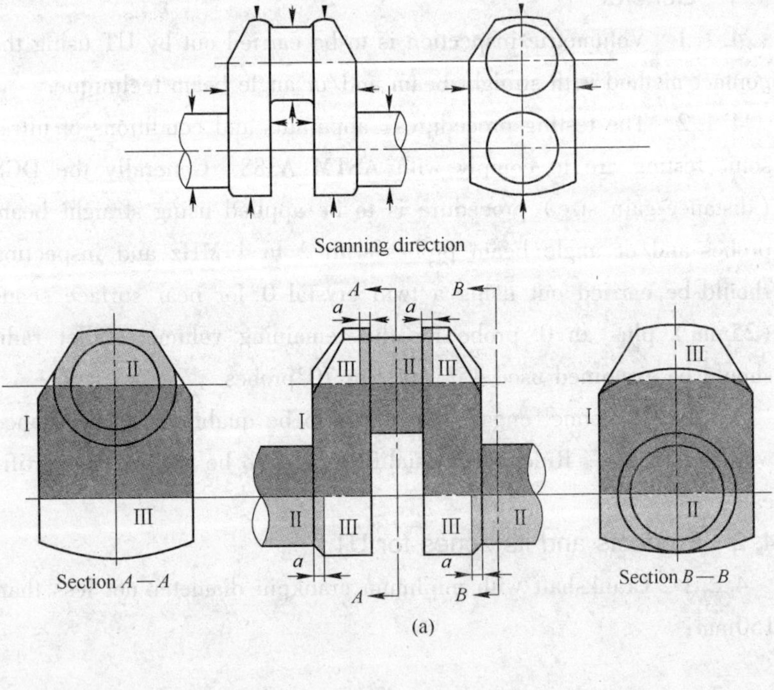

(a)

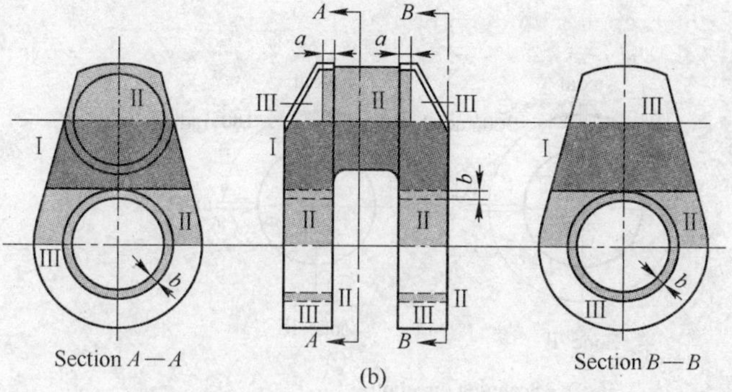

Fig. 6　Zones for ultrasonic testing on crankshafts

（a）Solid crankshaft;（b）Semi built-up crankshaft

Notes:

（1）In the above figures, "a" and "b" mean:

a = 0.1d or 25mm, whichever greater;

b = 0.05d or 25mm, whichever greater (circumstances of shrinkage fit) where.

d: pin or journal diameter

（2）Core areas of crank pins and/or journals within a radius of 0.25d between the webs may generally be coordinated to Zone Ⅱ.

（3）Identification of the Zones（Similar in Figs. 6 thru 9.）:

: Ⅰ区　: Ⅱ区　: Ⅲ区

extraneous material such as surface tears, loose scale, machining or grinding particles, paint, and other foreign matter.

4.3.1　The forging to be examined shall receive at least the heat treatment and prior to machining that prevents an effective examination of the forging.

4.4　UT examination procedures

4.4.1　This procedure covers the standards and procedures for the UT examination of heat-treated marine steel forgings.

4.4.2　Apparatus

Apparatus shall be kept on a regular six month maintenance cycle during which, as a minimum requirement, the vertical and horizontal linearity's, sensitivity, and resolution shall be established in accordance with the requirements of JB/T 10061（or ASTM E317）.

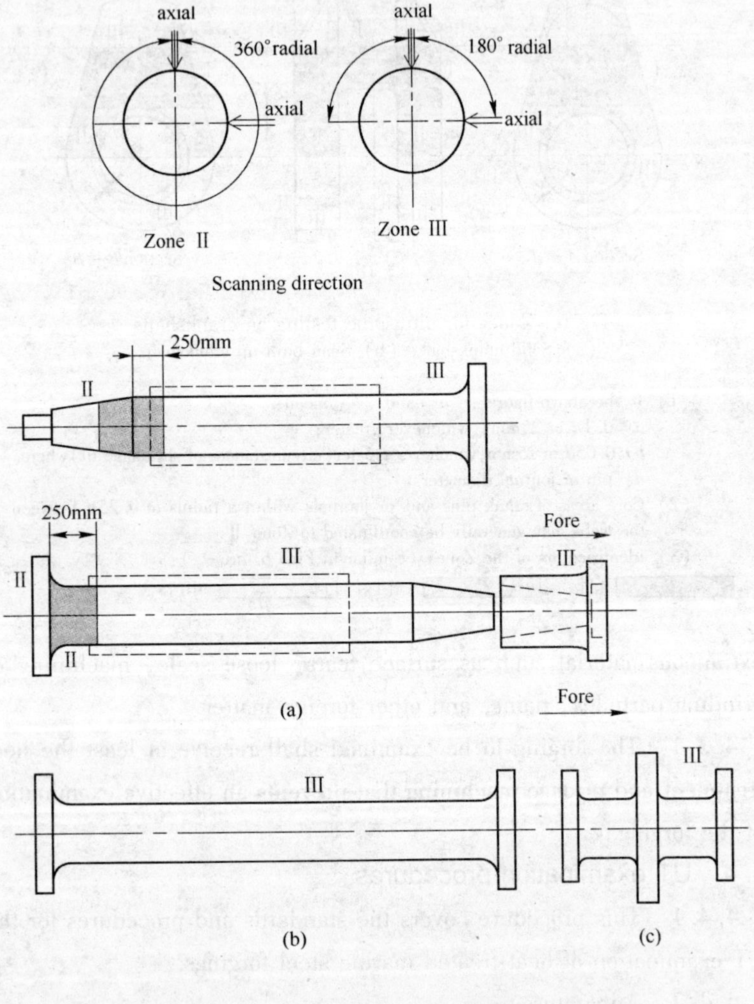

Fig. 7 Zones for ultrasonic testing on shafts

(a) Propeller shaft; (b) Intermediate shaft; (c) Thrust shaft

Notes:

(1) For hollow shafts, 360° radial scanning applies to Zone Ⅲ.

(2) Circumferences of the bolt holes in the flanges are to be treated as Zone Ⅱ.

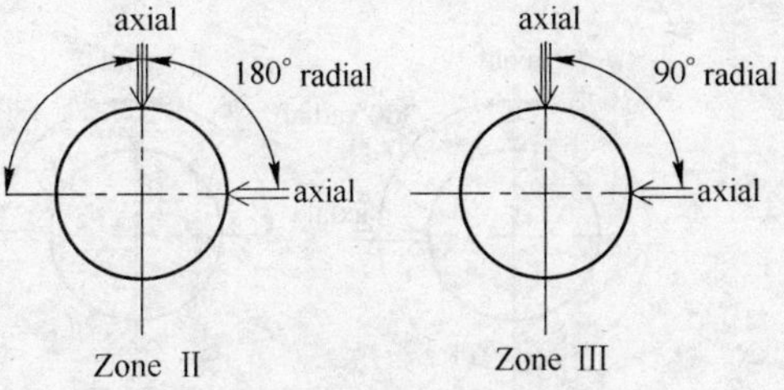

Scanning direction

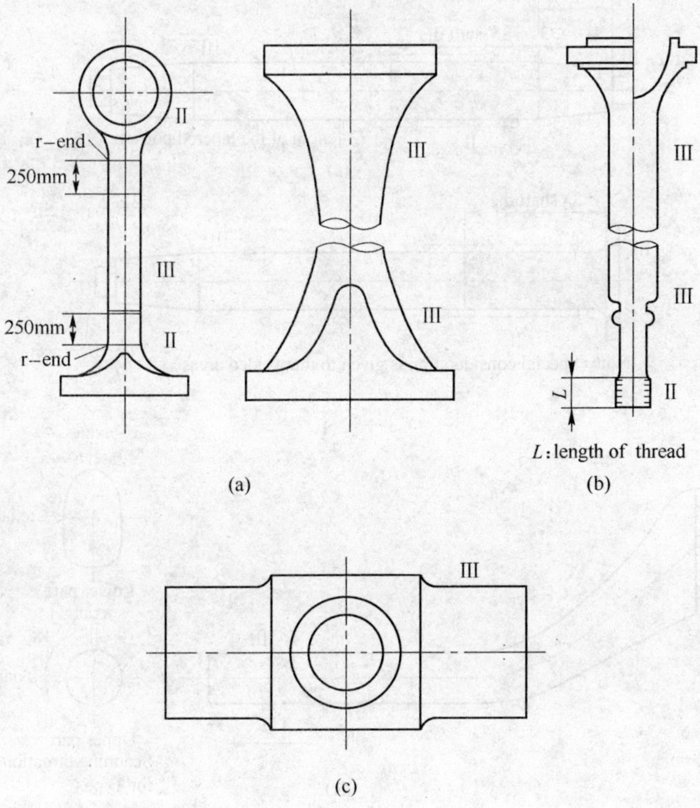

Fig. 8　Zones for ultrasonic testing on machinery components

（a）Connecting rod；（b）Piston rod；（c）Cross head

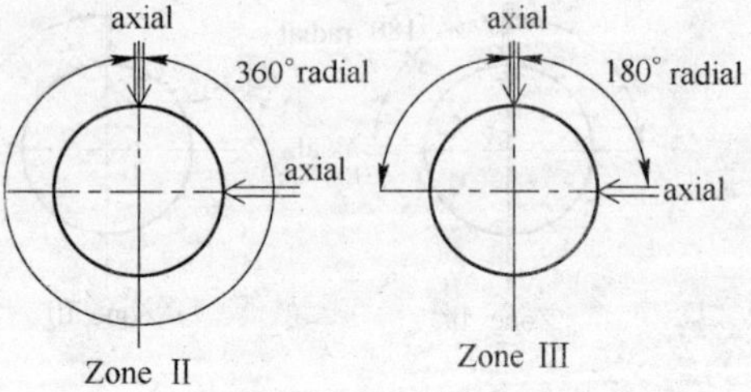

Scanning direction for Type A and Type B

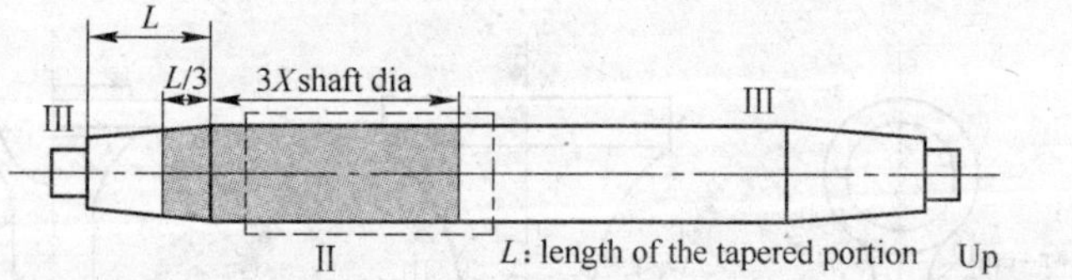

(a)

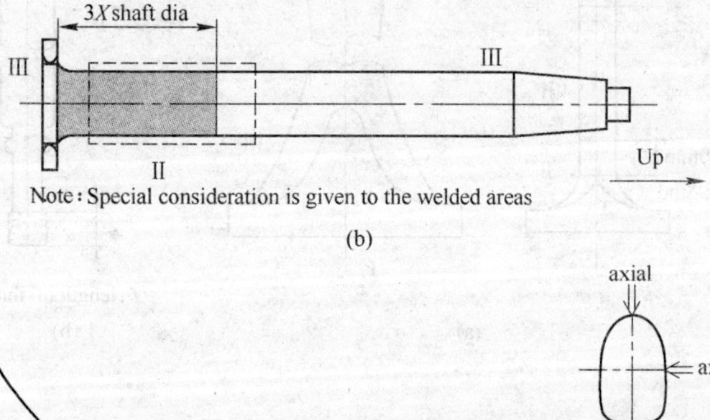

(b)

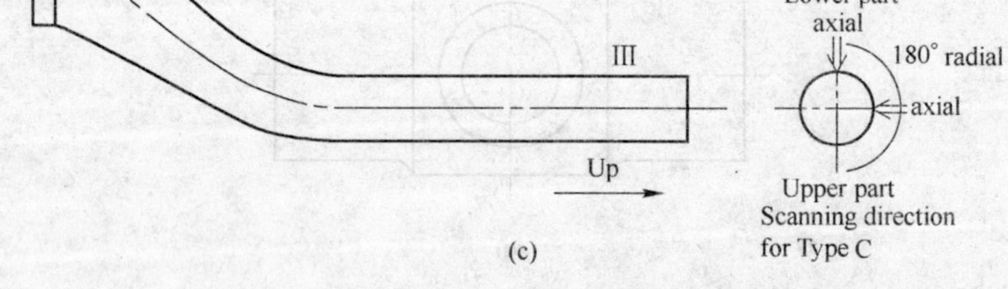

(c)

Fig. 9 Zones for ultrasonic testing on rudder stocks

(a) Type A; (b) Type B; (c) Type C

4.4.2.1　Ultrasonic Instrument

A-mode ultrasonic flaw detector (see Table 3) using pulse echo technique shall be used.

Table 3　A-mode ultrasonic flaw detector type

Detector type	Made by
USN60	General Electric Company (USA)
HS—511	Zhongke innovation (CHN)
CTS—23A	SIUI (CHN)

The ultrasonic pulsed, reflection type of instrument is capable of generating, receiving, and amplifying frequencies of at 0.5 to 10 MHz.

The ultrasonic instrument shall provide linear presentation for at least 80% of the screen height (sweep line to top of screen).

The attenuation/grain control range: from 0 ~ 80dB, in 12dB step.

The absolute error (0 ~ 80dB): ±1dB

The max vertical linear error: ±1%

The max horizontal error: ±5%

The instrument linearity shall be verified in accordance with the intent of JB/T 10061.

4.4.2.2　Search units (probes)

4.4.2.2.1　The ultrasonic test is to be carried out using the contact method with straight beam and /or angle beam technique. A 1.0 – Mz or 5.0 – Mz (from 1.0Hz to 5Mz) straight-beam probe, or angle-beam probe or dual-element probe shall be employed for the UT of the forging.

4.4.2.2.2　A 10mm to 30mm diameter or no more than the area of 625mm^2 for angle-beam probe shall be used for performing the UT test.

4.4.2.2.3 A angle-beam probe induced angle error shall not exceed 2°.

The dual-peaks should not be allowed clearly presented for vertical beam direction.

4.4.2.2.4 Dual-element probes are mainly used for wall thickness (or near-surface) measurements.

4.4.3 UT test conditions

4.4.3.1 The electronic apparatus sensitivity shall be accurate over its useful range to 10dB.

4.4.3.2 Apparatus is capable of generating, receiving, and amplifying frequencies error: no more than ±10%.

4.4.3.3 The complete inspection system shall provide the pulse band within 10mm with a 5MHz probe or within 15mm with a 2.5MHz probe.

4.4.3.4 The resolution power of straight-beam examination should be more than 30dB and that of angle-beam examination is more than 6dB.

4.5 UT Procedure

4.5.1 To assure complete coverage of the specified forging section, each pass of the search unit shall overlap by at least 15% of the width of the transducer.

4.5.2 The rate of scanning shall not exceed 150mm/s.

4.5.3 The amplitude of an echo is indicated in dB with regard to more 6dB than the reference sensitivity.

4.5.4 Coolants

Suitable liquid coolant, such as clean SAE 30 motor oil or similar commercial ultrasonic coolant, shall be used to couple the probe to the test surface.

4.5.5 Calibration of Ultrasonic test on Forgings

For forgings to be tested, the sensitivity of the instrument shall be adjusted so that the thickness to be examined will give a full-scale back reflection. Place the probe on the entry surface of the calibration reference block and adjust the gain control of the instrument so as to obtain a stable and max sweep-to-peak indication from the flat bottom hole interface.

4.5.6 Equipment Calibration

The calibration procedure shall be to comply with JB/T 10061.

4.5.7 Calibration with the probes

Calibration using the probes equipped with a large delay line corresponds largely to the calibration for UT test as described as JB/T 10062.

4.5.8 Calibration with angle-beam probes

Before UT test, The angle-beam probe must be inspected for probe, K-value, surplus sensitivity and so on. Do these calibrations for UT test every time.

4.5.9 Calibration with straight-beam probe

Pulse width, surplus sensitivity, resolution of probes shall be inspected once a month.

4.5.10 Procedure (Recalibration)

4.5.10.1 Recalibration time

Any change in the probe, couplant, instrument setting or scanning speed from that used for calibration shall require recalibration.

When a loss or greater in the gain level is indicated, reestablish the required calibration and reexamine all of the material examined in the preceding calibration period.

Perform a calibration check at least once every 8h shift. After test ended.

4.5.11 Test Block

4. 5. 11. 1 The calibration block containing flat-bottom hole may be used for calibration of equipment in according with EN12223.

4. 5. 11. 2 Reference block

To utilize a DAC curve, the reference block shall be used. The amplitude from reference block to coincide with the following test conditions:

Reference block material:

The sample from test forging or the same of the material and /or heat treatment as same as the forging.

The same of acoustical property as the forging.

To ensure complete coverage of the forging volume index.

The DGS scale, matched to the ultrasonic test to establish recording transducer to be utilized, may be used to establish recording levels for straight beam examination rather than the reference-block technique.

4. 5. 12 The sensitivity

The surplus sensitivity shall be conforming to the acceptance quality levels established between purchaser and manufacture on the basis of one or more the classification society's requirements as following:

Straight-beam examination:

No indications larger than some percentage of the reference back reflection.

No indications exceeding reference level specified in the DGS method.

Angle-Beam Examination:

No indications exceeding a state percentage of the reflection of DAC from a reference notch or of the amplitude reference line (for example, notch 3mm).

DGS Scales, may be used to establish recording level for the Examination.

DGS is not compared with DAC.

4.5.13 Re-examination

During the examination of the forging, monitor the back reflection for any significant reduction in amplitude. Reduction in back-reflection amplitude any indicate not only the presence of a discontinuity but also poor coupling of the probe with the surface, or local variations of attenuation in the forging. Recheck any areas causing loss of back reflection.

The recheck shall be not any change in the probe, couplant, instrument setting, or scanning speed from that used for calibration (using DAC or DGS).

4.6 Acceptance criteria

4.6.1 Acceptance criteria of volumetric by ultrasonic testing are shown in Tables 4 and 5.

Table 4 Acceptance Criteria for Crankshafts

Type of Forging	Zone	Allowable disc shape according to DGS[1)]	Allowable length of indication	Allowable distance between two indications[2)]
Crank shaft	Ⅰ	$d \leqslant 0.5$mm	—	—
	Ⅱ	$d \leqslant 2.0$mm	≤10mm	≥20mm
	Ⅲ	$d \leqslant 4.0$mm	≤15mm	≥20mm

Notes:

1) DGS: distance-gain size

2) In case of accumulations of two or more isolated indications which are subjected to registration the minimum distance between two neighboring indications must be at least the length of the bigger indication.

This applies as well to the distance in axial direction as to the distance in depth. Isolated indications with less distances are to be determined as one single indication.

Table 5　Acceptance Criteria for Shafts and Machinery Components

Type of Forging	Zone	Allowable disc shape according to DGS[1)2)]	Allowable length of indication	Allowable distance between two indications[3)]
Propeller shaft intermediate shaft	Ⅱ	outer: $d \leqslant 2$mm inner: $d \leqslant 4$mm	≤10mm ≤15mm	≥20mm ≥20mm
Thrust shaft Rudder stock	Ⅲ	outer: $d \leqslant 3$mm inner: $d \leqslant 6$mm	≤10mm ≤15mm	≥20mm ≥20mm
Connecting rod Piston rod	Ⅱ	$d \leqslant 2$mm	≤10mm	≥20mm
Crosshead	Ⅲ	$d \leqslant 4$mm	≤10mm	≥20mm

Notes:

1) DGS: distance-gain size

2) Outer part means the part beyond one third of the shaft radius from the center, the inner part meas the remaining core area.

3) In case of accumulations of two or more isolated indications which are subjected to registration the minimum distance between two neighboring indications must be at least the length of the bigger indication.

4.7　Recording

In accordance with ASTM A388/A300M.

4.8　Report of indications

4.8.1　All magnetic partial inspection shall be the subject of a written report which shall include the following as a minimum requirement:

(a) name of supplier;

(b) order number;

(c) identification of forging (s) under examination;

(d) scope of inspection: surface areas and applicable quality classes;

(e) stage of manufacture at which magnetic particle inspection was performed;

(f) surface condition;

(g) equipment used;

(h) magnetizing technique (s) used;

(i) waveform and flux density and /or tangential field strength for each technique used;

(j) detection media and contrast paint used;

(k) viewing conditions;

(l) reference to the written procedure used (where applicable);

(m) result of inspection:

(1) location;

(2) classification;

(3) orientation and size of all indications exceeding the appropriate recording level;

(4) number of recorded indications un reference surface;

(5) description of unacceptable indications;

(n) level of residual magnetism where required;

(o) detail of any restrictions to the required coverage;

(p) date of examination;

(q) name, qualification and signature of operator.

附录 F　回波动态波形

1　回波动态波形的类型

1.1　波形模式 I

图附录 F - 1 表示反射体产生的波形模式 I，即在荧光屏上显示出的一个尖锐回波。当探头前后、左右扫查时，其幅度平滑地由零上升到最大值，然后又平滑地下降到零，这是尺寸小于分辨力极限（即缺陷尺寸小于超声探头在缺陷位置处声束直径）缺陷的信号特征。

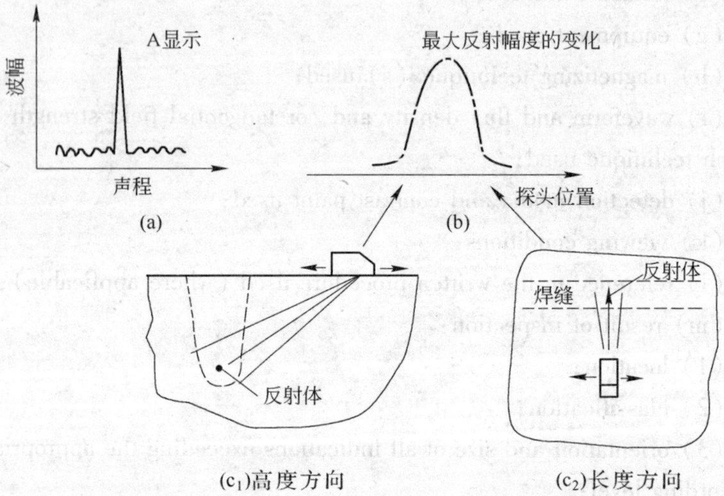

图附录F-1 点反射体的回波动态波型

1.2 波形模式Ⅱ

探头在各个不同的位置检测缺陷时，荧光屏上均显示一个尖锐回波。探头前后和左右扫查时，一开始波幅平滑地由零上升到峰值，探头继续移动时，波幅基本不变，或只在±4dB的范围内变化，最后又平滑地下降到零。图附录F-2表示声束接近垂直入射时，由光滑的大平面反射体所产生的波形模式Ⅱ。

1.3 波形模式Ⅲ

1.3.1 波形模式Ⅲa

探头在各个不同的位置检测缺陷时，荧光屏上均呈一个参差不齐的回波。探头移动时，回波幅度显示很不规则的起伏态(±6dB)。图附录F-3表示声束接近垂直入射，由不规则的大反射体所产生的波形Ⅲa。

1.3.2 波形模式Ⅲb

探头在各个不同的位置检测缺陷时，荧光屏上显示脉冲包络呈钟形的一系列连续信号（有很多小波峰）。探头移动时，每个

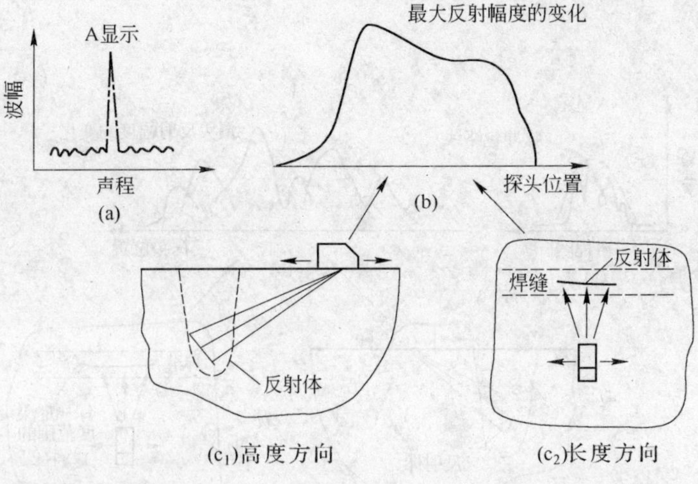

图附录F-2　接近垂直入射时光滑大平面反射体的回波动态波形

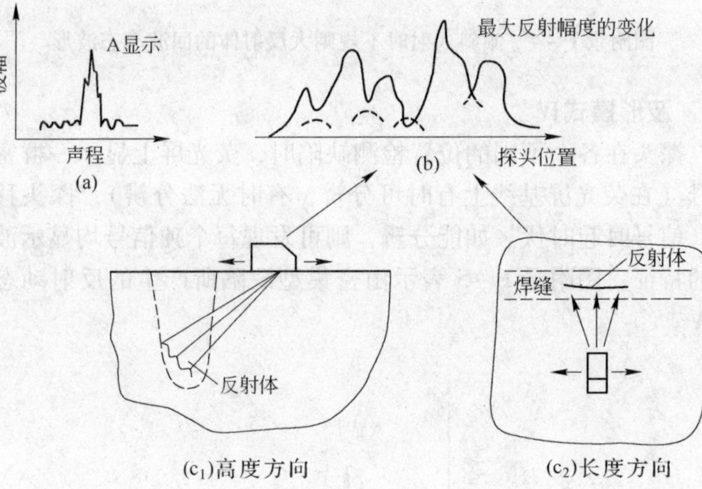

图附录F-3　接近垂直入射时不规则大反射体的回波动态波形

小波峰也在脉冲包络中移动，波幅由零逐渐升到最大值，然后波幅又下降到零，信号波幅起伏较大（±6dB）。图附录F-4

表示声束倾斜入射时，由不规则大反射体所产生的动态波形Ⅲb。

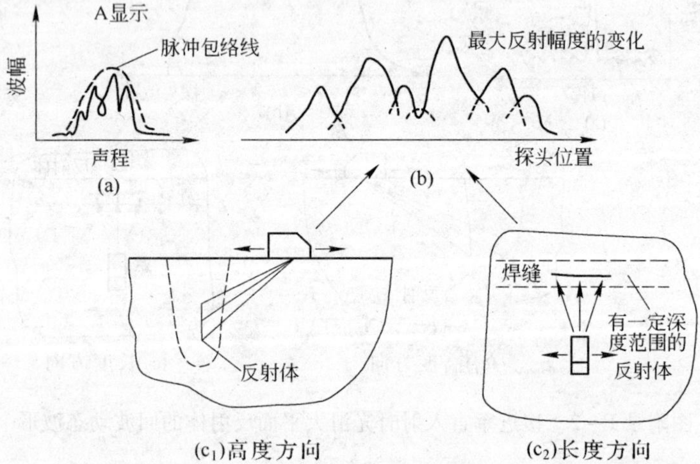

图附录F－4　倾斜入射时不规则大反射体的回波动态波形

1.4　波形模式Ⅳ

探头在各个不同的位置检测缺陷时，荧光屏上显示一群密集信号（在荧光屏基线上有时可分辨，有时无法分辨），探头移动时，信号时起时伏。如能分辨，则可发现每个独信号均显示波形Ⅰ的特征。图附录F－5表示由密集型缺陷所产生的反射动态波形Ⅳ。

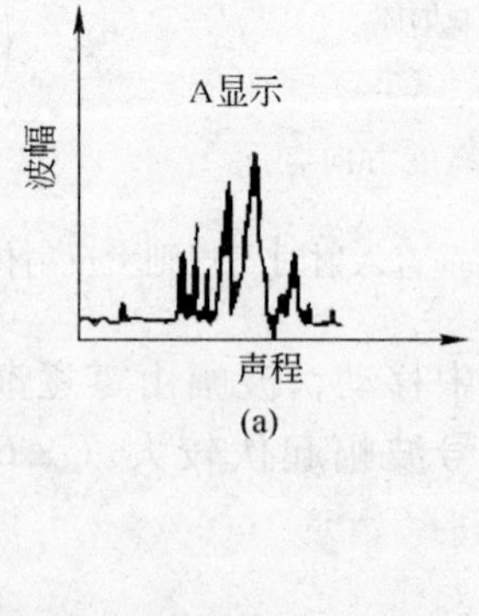

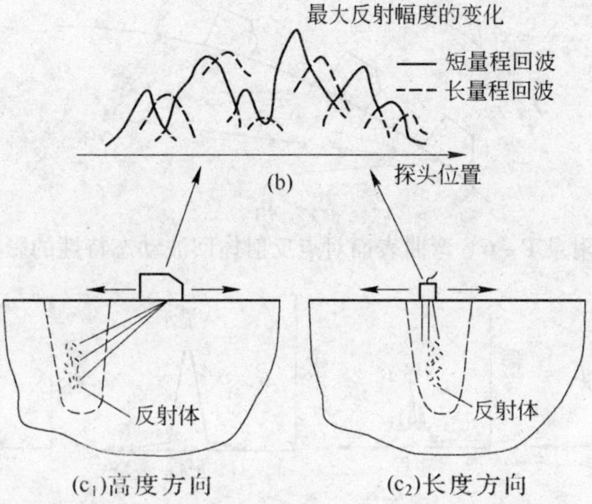

图附录 F-5　多重缺陷的回波动态波形

2　回波动态波形的区分

如要分清波形Ⅰ和Ⅱ，声程距离较大时就要特别仔细，因为平台式动态波形可能很难发现，除非反射体很大。当距离超过200mm 时，应对反射体标出衰减 20dB 折边界点，再将其间距和 20dB 声束宽度相比较，进行区分。

另外，探头在有曲率的表面扫查时也要特别注意，因为回波动态波形可能有明显改变。图附录 F-6 和图附录 F-7 中，反射体的反射特征为波形Ⅲa，而在平表面上则为波形Ⅲb。

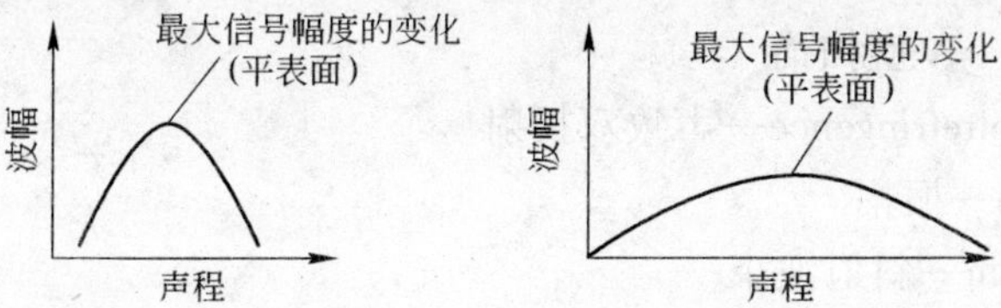

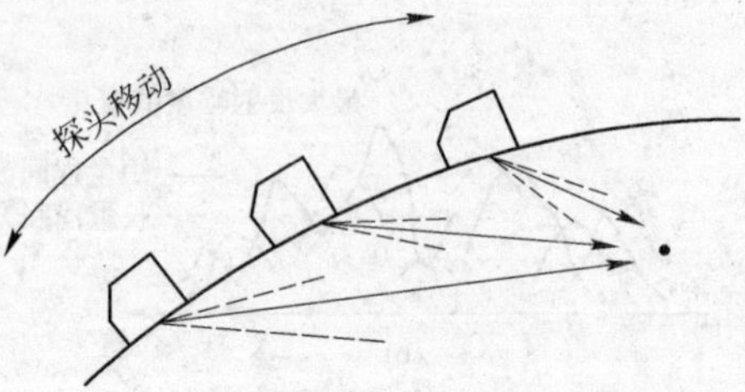

图附录 F - 6　弯曲表面对点反射体回波动态特性的影响

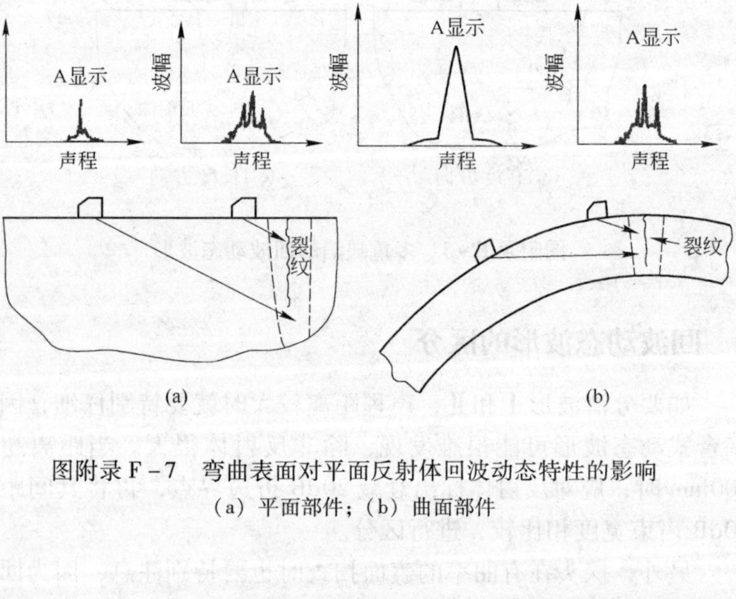

图附录 F - 7　弯曲表面对平面反射体回波动态特性的影响

（a）平面部件；（b）曲面部件

附录 G　超声波检测术语（摘自 ASTE E1316）

A

A - scan—A 型扫描

acoustic birefringence—声致双折射

amplitude—振幅

angle beam—斜射波束

apparent attenuation—视衰减

area amplitude response curve—面积振幅响应曲线

attenuation—衰减

B

B - scan presentation—B 型扫描显示

back reflection—背反射

back surface—底面

base line—基准线（无信号条件下，CRT 显示的 A 扫描的（水平）距离轨迹所表达的时间）

beam axis—声束轴

beam spread—声束扩散

bottom echo—背反射

bi - modal technique—B 型技术（一种利用纵波与横波估算裂纹深度的超声波检测方法）

bubbler—起泡器（超声波检测工件耦合液体流的一种装置）

C

C - scan—C - 扫描

collimator —准直器（一种控制超声波方向与形状大小的装置）

contact testing—接触试验（探头直接通过耦合剂膜与工件直接接触检验）

continuous wave—连续波（相对脉冲而言）

control echo—控制回波（来自背反射的参比信号，如背反射）

corner effect—角隅效应

couplant— 耦合剂

creeping wave—蠕波（压缩波在固体边界处传播产生剪切波，并从边界沿着其临界角继续传播）

critical angle—临界角

cross talk—声束串扰

crystal（see transducer)—振子

D

DAC —距离－振幅校正，扫描增益，时间，时间校正增益，时间变量增益等缩写。

damping，search unit—衰减，探头（探头承受的电子或机械波传播中波幅的损失）

dB control—dB 控制（以 dB 为单位的声信号的波幅控制）

dead zone—死区（在设定条件下，探头从工件表面接收第一个反射波深度的距离）

decibel（dB）—分贝（dB =20 log10（amplitude ratio））

delayed sweep—延时扫描

DGS（distance gain size－German AVG）—DGS（传播距离－增益－反射面积）（德国，AVG）

diffraction—衍射

distance amplitude compensation（electronic）—距离波幅补偿（电子）

distance amplitude response curve—距离与波幅相应曲线

distance linearity range—声场距离的线性范围

dual search unit—双晶探头

dynamic range—动态范围

E

echo—回波

echo dynamic—回波动态波型（探头超声信号传播时间对比的波幅）

F

far field—远声场

focused beam—聚焦声束
frequency (fundamental)—基频
frequency (inspection)—检查频率
frequency (pulse repetition)—脉冲重复频率

G

gap scanning—间隙扫查
gate—门电路
grazing incidence—临界入射（切入射）

H

harmonics—谐波
headwave—首波
holography (acoustic) —声全息

I

immersion testing—液浸检测
impedance (acoustic) —声阻抗
indication—声波反射指示性显示
initial pulse—起始脉冲
insonification—声透射
interface—界面

L

Lamb wave—兰姆波；板波
linearity (amplitude) —线性振幅
linearity (time or distance) —水平线性
longitudinal wave—纵波
loss of back reflection—底面反射损失

M

markers—时标

mode—波的模式（与物体中声波粒子运动（如纵波、横波等）的属性相关的超声波的类型）

mode conversion—波型转换

multiple back reflections—多次底面反射

multiple reflections—多次反射

N

near field—近声场

noise—干扰讯号

normal incidence（see also straight beam）—垂直入射

P

penetration depth—贯穿深度

pulse—脉冲

pulse echo method—脉冲回波法

pulse length—脉冲宽度，脉冲持续时间

pulse tuning—脉冲调谐

R

radio frequency（r - f）display—射频显示

range—显示的声波在受检件中的路径长度最大值

Rayleigh wave—瑞利波，表面波

reference block—参比试块

reflector—反射器

reject（suppression）—抑制

resolution—分辨率

resonance method—谐振法

S

saturation—（达到）饱和状态

scanning—扫查

scanning index—扫描索引（扫查路径间探头移动的距离）

scattered energy—散射能量

scattering—散射

Schlieren system—施利伦系统

search unit—探头

sensitivity—灵敏度

shadow—无声波区（由于物体的几何或不连续等因素导致的特定方向传播的超声达不到的区域）

shear wave—横波

shear wave search unit（Y cut quartz search unit）—剪切波探头（双旋Y切石英振子）

signal - to - noise ratio—信号干扰比；信噪比

skip distance—越距，跳越距离

straight beam—直射束

sweep—CRT上电子束的重复移动及其形状

T

test surface—探伤面

testing，ultrasonic—超声探伤

through transmission technique—穿透技术，双探头法

time of flight—声波在固体传播时间

time of flight diffraction technique（TOFD）—衍射声时技术

transducer—电能转换为声能的电声装置，变换器

transverse wave—横波

true attenuation—真实衰减

U

ultrasonic—超声波

ultrasonic noise level—超声噪声电平

ultrasonic spectroscopy—超声频谱分析

V

vee path—V 型声程

vertical limit—垂直极限（荧光屏上能够显示的反射脉冲的最大幅度）

video presentation—视频显示

W

water path—水程

wave front—波前，波阵面

wave train—波列

wedge—楔入

wheel search unit—轮式探头

wrap around—残响波干扰

附录 H　船用锻件无损检测方法(节选)

1　范围

除非有规定的补充信息，这是一个适用于中冶京诚（营口）装备技术有限公司生产的船件进行磁粉探伤与超声探伤等无损检测的验收标准。通过超声波探伤和/或磁粉检测锻件，来判定其产品质量。

2　参考文件

2.1　国际船级社协会文件

船体与锻件的无损检测方法。

2.2　ASTM 标准

ASTM A388　《大型锻件超声波检测方法标准》

ASTM A275　《钢锻件的磁粉检测方法标准》

ASTM A165　《一般工业用的渗透检测方法标准》

3　表面检查

3.1　本指南中的表面检查是指通过外观检查和磁粉检测或液体渗透检测的方式进行。

3.2　磁粉检测的检测程序、仪器和条件应当符合美国 ASTM A275 标准。

3.3　外观检测人员应当具备足够的知识和经验。磁粉检测或液体渗透检测人员应当按照船级社协会规定进行资格鉴定。向合格人员颁发资格证书。

3.4　磁粉检测

3.4.1　本部分介绍的方法和验收标准适用于铁磁材料锻件的磁粉检测。

3.4.2　人员的要求

执行本磁粉检测的人员法应符合资格，并根据认证的符合国际船级社协会的书面文件。

3.4.3　检验范围

在下列情况下允许使用液体渗透检测（除此之外应当进行磁粉检测）：

(1) 奥氏体不锈钢；

(2) 可见或磁粉指示的判读。

在验船师发出命令时，除非在订单中另行规定，否则应当对处于最终交付状态和最终热处理状态或交流技术最终机加工表面（包括应力）状态0.3mm范围内的锻件进行磁粉检测。

所有的检验时应有足够的重叠区（10%进行测试），以保证在指定的覆盖面获得所需灵敏度。

3.4.4 锻件的磁化设备

可用手提式电磁轭（交流－直流）作为磁化装置，已发现裂纹之类的缺陷，其灵敏度至少可以等于直接磁化法。

3.4.5 磁粉

检验介质应是磨细的铁粉，它可以悬浮在适合的液体介质中。磁粉的大小，形态及其磁性能，单项和综合指标都是很重要的。最常用的磁粉颜色是黑色或红色，应选用与表面颜色对比鲜明的颜色。供湿法用的材料，一般都是浓缩状。检查介质的配制是将浓缩的原料和适当的轻油相混合。合适的液体大致性能如下：

黏度：46×10^{-6}Pa·s；

闪点（标记开口杯）：65～80℃；

始沸点：200℃；

终点：255℃；

色度：赛波特25。

一般使用粉末体积占悬浮液的1%～2%。检验介质应浇在或喷在被检面上。

3.5 表面处理

3.5.1 为了显示被发现的缺陷，被检查的表面粗糙度需达到机加工后水平。

3.5.2 表面应无各种油脂，油剂，以及其他可能黏附磁粉的物质。

3.5.3 粗糙的表面由于机械的阻留会妨碍磁粉的流动性，而依次产生错误显示。这些区域的表面应予打磨。如果不能打磨，可以用纸带覆盖的方法来解决此问题。

3.6　磁化方法

3.6.1　线圈磁化

电磁线圈用于磁化一个区域，一个纵向电场在两极之间形成。

3.6.2　磁轭的支架可以是固定式或铰接式的。

3.6.3　磁轭的条件磁极间距为75～170mm的直流电磁轭，应有至少175N的提升力。

3.6.4　方向磁化：每个检验区至少应分别进行两次检验，第二次检验的磁力线应大于垂直于第一次检验时该区所用的磁力线。

3.6.5　磁极间距：磁极间距应限于50～200mm。

3.6.6　检查区：在两磁极连接线两侧的任意一侧检查区。重叠的极间距应至少为25mm。

3.6.7　磁场强度

在必要的地方应使用磁粉指示器，以确定磁场是否合适。应有足够大的磁化电流，以便使指示器上的图形清晰的显示出来。

3.6.8　退磁

3.6.8.1　如果规定，检查后的工作应该完全退磁，以便使剩磁磁场不影响以后的焊接和机械加工工序，以及在该零件附近使用的磁性仪器，或为了在动态接触表面上不出现漏磁磁场。

3.6.8.2　如果工件在将来使用前或在机械加工前要经过奥氏体化处理，则不需要退磁。

3.7　相关指示

3.7.1　下列关于指示的定义将适用：

(1) 线性指示，是指长度至少为宽度3倍的指示。

(2) 非线性指示，是指长度小于3倍宽度的圆形或椭圆形指示。

(3) 序列指示，是指在一条直线上的3个或3个以上的指示，之间的间隔小于或等于2mm。

(4) 可见指示，是指在除去磁粉后可见或通过使用对比着色渗透液检测到的指示。

（5）不可见指示，是指在除去磁粉后不可见或无法通过使用对比着色渗透液检测到的指示。

（6）关联指示，是指由需评估不连续性的状态或类型产生的指示。只有尺寸大于 1.5mm 的指示才能被视为关联指示。

3.7.2 为了达到对指示进行评估的目的，应把表面分成面积为 $225cm^2$ 的参考面，应当从相对于被评估指示最不利的位置选取参考面积。

3.7.3 参考面中指示的允许数目和尺寸将分别在表附录 H－1（适用于曲轴锻件）和表附录 H－2（适用于其他锻件）中给出。裂纹是不可接受的。

表附录 H－1 参考面积为 $225cm^2$ 中指示的允许数目和尺寸

检测区域	最大指示数目	指示类型	每种类型的最大数目	最大尺寸/mm
Ⅰ区（关键圆角面）	0	线性	0	—
		非线性	0	—
		序列	0	—
Ⅱ区（重要圆角面）	3	线性	0	—
		非线性	3	3.0
		序列	0	—
Ⅲ区（轴颈表面）	3	线性	0	—
		非线性	3	5.0
		序列	0	—

表附录 H－2 除曲轴锻件外的钢锻件面积为 $225cm^2$ 参考面中指示的允许数目和尺寸

检测区域	最大指示数目	指示类型	每种类型的最大数目	最大尺寸/mm
Ⅰ区	3	线性	0（1）	—
		非线性	3	3.0
		序列	0（1）	—
Ⅱ区	10	线性	3（1）	3.0
		非线性	7	5.0
		序列	3（1）	3.0

4　体积检查

4.1　本指南中的体积检查应采用接触式超声波直射和/或斜射检测方法。

4.2　超声检测的检测程序、仪器和条件应当符合公认的国家或国际标准。通常，使用2~4MHz直头或斜探头的DGS（距离-增益尺寸）程序适用。同时，应当使用双晶0探头（25mm）进行近表面扫描检查，在对余下体积进行检查时，应再加一个0探头。应当使用45、60或70的探头对圆角半径进行检查。

4.3　通过超声检测进行的体积检查通常适用于下列钢锻件：

（1）带最小直径不小于150mm曲轴销的曲轴。

（2）最小直径不小于200mm的螺旋桨轴、中间轴、推力轴和舵杆。

（3）最小直径不小于200mm或等于横截面的连杆、活塞杆和十字头。

4.4　锻件UT检测方法与美国ASTM A388/A388M相符合。

4.4.1　UT检测区

4.4.2　被测产品应当进行Ⅰ~Ⅱ，如图附录H-1~图附录H-4所示区域的UT检测。

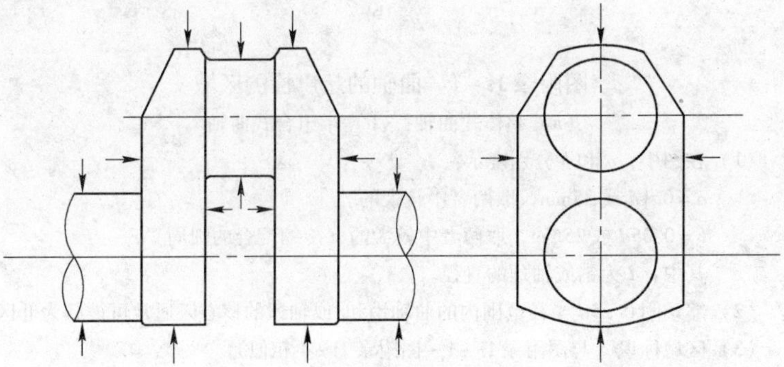

扫描方向

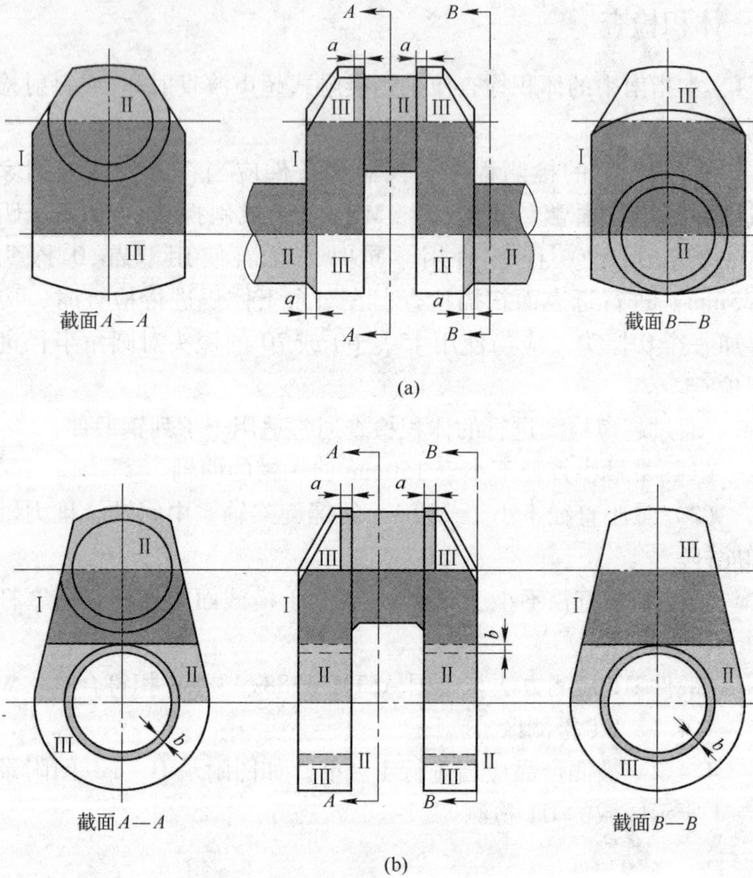

图附录 H-1　曲轴的超声检测区域

（a）整体式曲轴；（b）半组合式曲轴

注：（1）在图中，a 和 b 分别表示：

$a=0.1d$ 或 25mm，取两者中较大的

$b=0.05d$ 或 25mm，取两者中较大的（冷缩配合的圆周）

其中：d 为销或轴颈的直径。

（2）缩颈间 $0.25d$ 半径范围内的曲轴销和/或轴颈的核心区通常可被归为Ⅱ区。

（3）区域标识（与图附录 H-1～图附录 H-4 相似）：

：Ⅰ区　：Ⅱ区　：Ⅲ区

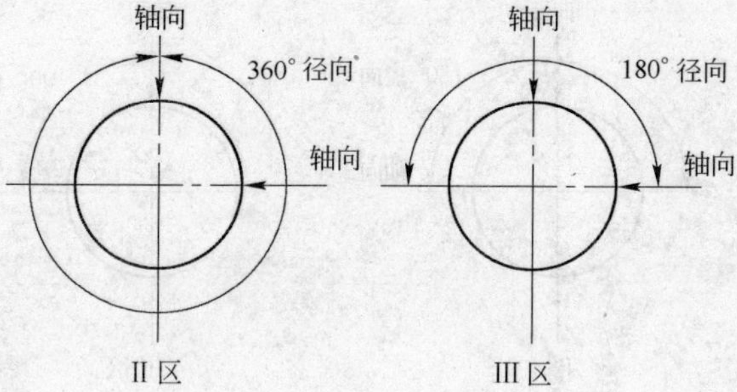

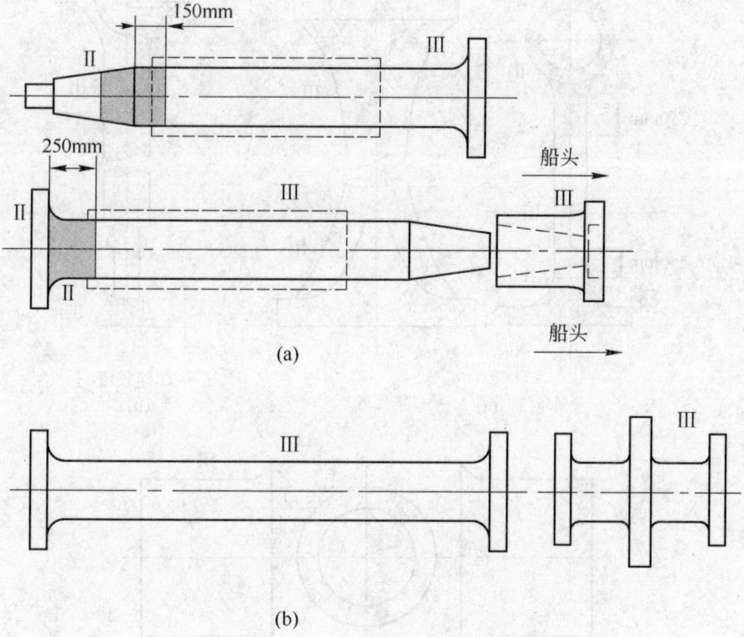

图附录 H－2　轴的超声检测区域

（a）螺旋桨轴；（b）推力轴

注：（1）对于中空轴，360°径向扫描适用于Ⅲ区；

（2）法兰上的螺栓孔圆周应被视为Ⅱ区。

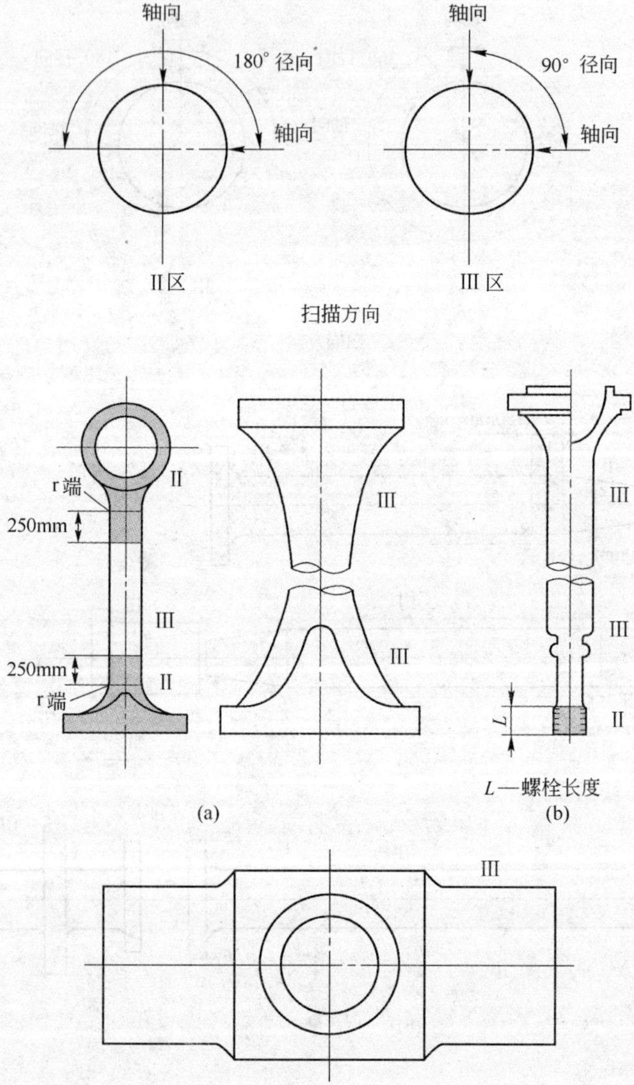

图附录 H－3 机械部件的超声检测区域

（a）连杆；（b）活塞杆；（c）十字头

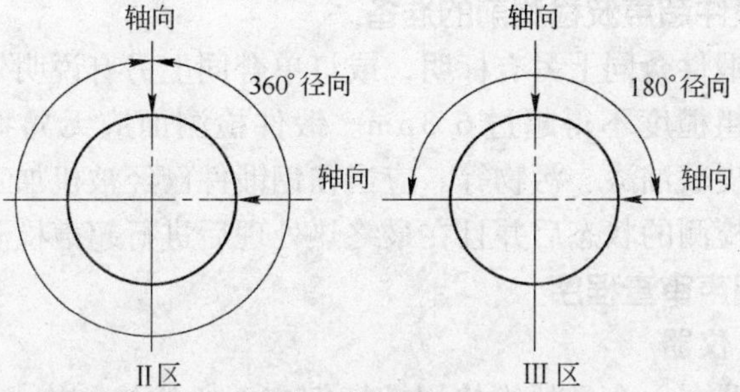

A型和B型的扫描方向

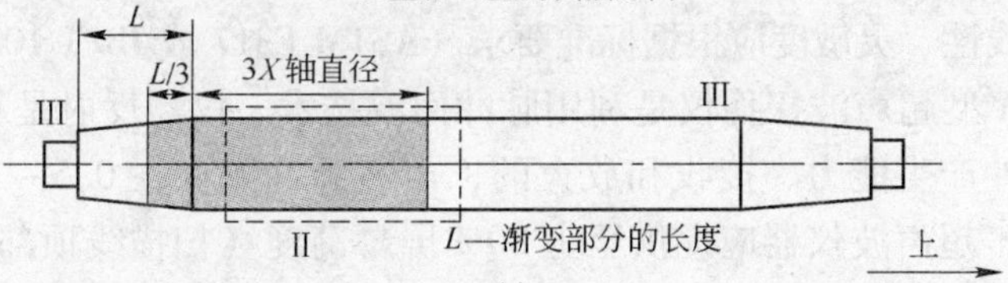

(a)

(注：应当对焊接区域进行特殊考虑)

(b)

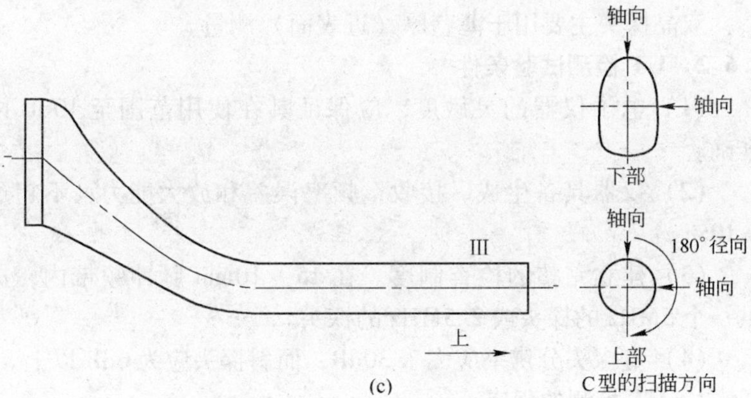

(c)　C型的扫描方向

图附录H-4　舵杆的超声检测区域

(a) A型；(b) B型；(c) C型

4.5 锻件超声波检测前的准备

除锻件合同上另有标明，或订单合同上另有说明外，锻件外表面的粗糙度不得超过6.3μm。锻件检测面应无异物，如疏松的氧化皮、油漆、污物等。应当在钢锻件已经被机加工为适合接受此类检测的状态后并且在最终热处理后进行超声检测。

4.6 超声审查程序

4.6.1 仪器

仪器在六个月的维修周期期间应至少维修一次，水平线性、垂直线性、灵敏度应根据标准要求（ASTM E317 或 JB/T 10061）。

A 型超声波探伤仪是利用脉冲回波技术。仪器反射是靠超声波脉冲产生能力、接收和放大的，声波脉冲频率在0.5~10MHz之间。超声波仪器应提供至少80%屏幕高度（扫描线顶部屏幕）的线性表现。

衰减/晶粒控制范围：0~80dB；

绝对误差（0-80dB 的）：±1dB；

最大垂直线性误差：±1%；

最大水平误差：±5%。

该仪器的线性应核实，可按照 JB/T 10061 标准的示意图进行。

双晶探头主要用于薄壁厚（近表面）测量。

4.6.2 UT 检测试验条件

（1）电子仪器的灵敏度，应保证其在使用范围至10dB 内准确。

（2）仪器具备生成、接收，频率误差和放大能力：不超过±10%。

（3）建立完整的检查制度。在15~10mm 脉冲频带内，提供一个5MHz 的探头或2.5MHz 的探头。

（4）直探头分辨率应大于30dB，而斜探头应为6dB 以上。

4.6.3 UT 检测的程序

（1）为保证锻件的完全覆盖，探头每次移动至少有15%的重复覆盖。

（2）扫差速度不得超过150mm/s。

（3）回波的幅度应比参考灵敏度高6dB。

4.6.4 耦合剂

各种耦合剂都需要良好的润湿性，如SAE20号或30号机油。

4.6.5 锻件超声波探测的校正

测试锻件仪器的灵敏度应调整，因此需要有平底孔的对比试块来校正仪器。

4.6.6 设备校准

校准程序应符合JB/T 10061。

4.6.7 标定探头校准用大延迟线探头配备相应的UT检测设备，测试校准如JB/T 10062描述。

4.6.8 标定斜探头，斜探头必须检查探头、K值、灵敏度等。每次UT检测前要校准。

4.6.9 校准直探头

脉冲宽度、灵敏度余量、探头应每月校准一次。

4.6.10 重新校准程序

4.6.10.1 重新校准时间

当探头、耦合剂，重新进行了扫描仪设置或用于校准的，须重新校正。

当有损失或更大的增益电平指示时，应重新建立所需校准和重新审视的所有材料，并要在审查前进行校准。

一次工作满8h，应重新进行校准。

4.6.11 试块

4.6.11.1 包含平底孔试块，可根据EN12223用于设备的校准。

4.6.11.2 对比试块

制作一个DAC曲线，应使用对比试块。从对比试块的幅度，以配合下列测试条件：

对比试块应采用与被检工件材质相同或锻造热处理相同声学

特性相近的材料。

4.6.12　灵敏度

灵敏度余量应符合产品质量水平、买卖双方协议和一个或多个船级社的要求。

5　验收

锻件超声波检测的验收应符合表附录 H－3 及表附录 H－4。

表附录 H－3　曲轴验收标准

锻件类型	区域	根据 DGS 允许的圆盘形①	允许的指示长度	两指示间的允许距离②
曲轴	Ⅰ	d≤0.5mm	—	—
	Ⅱ	d≤2.0mm	≤10mm	≥20mm
	Ⅲ	d≤4.0mm	≤15mm	≥20mm

① DGS：距离－增益尺寸。

② 如果两个或两个以上可记录的分离指示聚集在一起，则相邻两个指示间的最短距离至少应当为较大指示的长度。这同样适用于轴向距离和深度距离。间距较小的分离指示应被判定为一个单独指示。

表附录 H－4　轴和机械部件的验收标准

锻件类型	区域	根据 DGS 允许的圆盘形①②	允许的指示长度	两指示间的允许距离③
螺旋桨轴 中间轴	Ⅱ	外部：d≤2mm	≤10mm	≥20mm
		内部：d≤4mm	≤15mm	≥20mm
推力轴 舵杆	Ⅲ	外部：d≤3mm	≤10mm	≥20mm
		内部：d≤6mm	≤15mm	≥20mm
连杆 活塞杆 十字头	Ⅱ	d≤2mm	≤10mm	≥20mm
	Ⅲ	d≤4mm	≤10mm	≥20mm

① DGS：距离－增益尺寸。

② “外部”是指从中心超过三分之一轴半径的部分，“内部”是指余下的核心区。

③ 如果两个或两个以上可记录的分离指示聚集在一起，则相邻两个指示间的最短距离至少应当为较大指示的长度。

6　报告

6.1　表面检查结果至少应当记录下列项目

a）委托名称。

b）检测日期。

c）检测人员的资格。

d）检查范围：所使用的检测标准。

e）在该阶段，制造磁粉进行检查。

f）表面状态。

g）使用的设备。

h）使用的磁化方法。

i）磁感应强度。

j）用于油漆的检测介质和对比度。

k）检测条件。

l）参考的书面程序使用（如适用）。

m）检验结果：

①位置。

②类型。

③超标缺陷位置，长度的记录。

④未显示出多方面的参考面记录。

⑤不可接受的缺陷。

n）水平剩磁。

o）详细规定任何限制。

p）检测日期。

q）检测人员的姓名和资格。

附录Ⅰ　锻件超声波探伤中缺陷波和伪缺陷波的识别

1　常见锻件缺陷回波识别

对于平面状缺陷，从不同方向探测，缺陷回波高度显著不同。在垂直于缺陷方向探测，缺陷回波高。在平行于缺陷方向探测，缺陷回波低，甚至无缺陷回波。一般来说裂纹、夹层、折叠等属于这种缺陷。对于点状缺陷从不同方向探测，缺陷回波无明显变化。一般包括气孔（单个气孔和密集气孔）和点状夹渣。气孔和点状夹渣的缺陷回波高度低，波形较稳定，从各方向探测，反射波高大致相同。但稍一移动探头就消失。但两者也有所不同，其原因主要是其内含物声阻抗的不同。白点、气孔等内含气体，声阻抗小，反射率更高，波形陡直尖锐，而金属夹渣或非金属夹渣声阻抗较大，反射回波低。

另外不同类型的缺陷反射波形状也有差别。气孔表面平滑，界面反射率高，波形陡直尖锐，而夹渣表面粗糙，界面反射率低，波形宽大并带有锯齿如图附录Ⅰ-1所示。

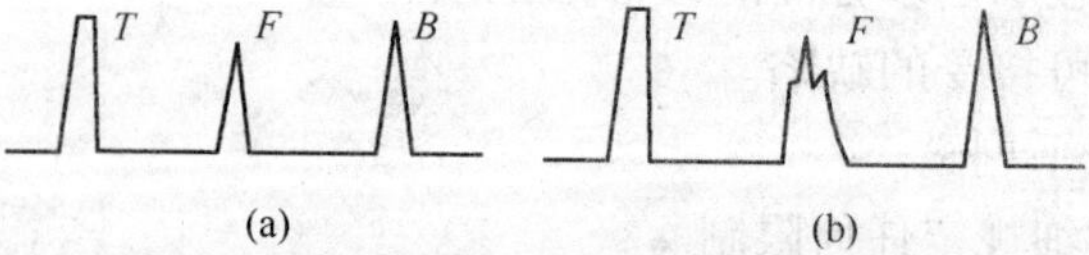

图附录Ⅰ-1　气孔、夹渣反射波形区别图
（a）气孔；（b）夹渣

2　常见伪缺陷波的识别

2.1　迟到波

当纵波直探头置于细长工件或试块上时。扩散纵波波束在侧壁产生波形转换，转换为横波，此横波在另一侧面又转换为纵波，最后经过底面反射回到探头，被探头接收从而在示波屏上出现一个回波。由于转换的横波声程长、波速小，传播时间较直接从底面反射的纵波长，因此转换后的波总是出现在第一次底波 B_1 之后，故称未迟到波。又由于变形横波可能在两侧壁产生多次反射，每反射一次就会出现一个迟到波，因此迟到波往往有多个 H_n（$n=1, 2, \cdots$）波，迟到波总是位于底波之后并且位置同定，而缺陷波一般位于之前，因此，一般情况下迟到波不会干扰缺陷波的判别。见图附录Ⅰ-2。

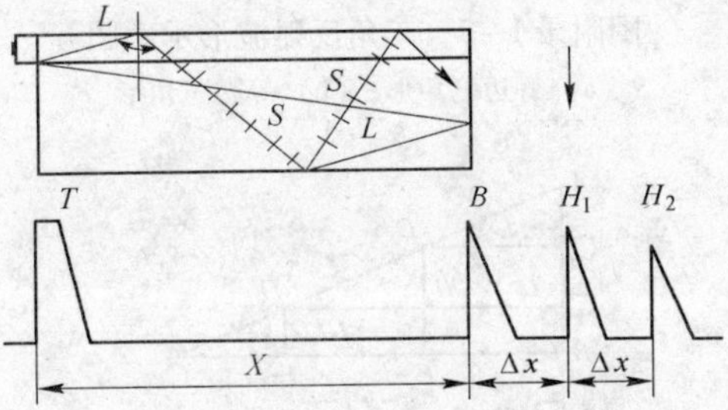

图附录Ⅰ-2 迟到波形示意图

2.2 三角反射波

纵波直探头径向探测实心圆柱体时，由于探头平面与柱面接触面积小，使波束扩散角增加，这样扩散波束就会在圆柱面上形成三角反射路径，从而在示波屏上出现三角反射波，人们把反射称为三角反射，见图附录Ⅰ-3。

三角反射波有两个，总是位于第一次底波和第二次底波之间，而且位置特定，分别为 $1.3d$ 和 $1.67d$，而缺陷波一般位于 B_1 之前，因此三角波一般也不会干扰缺陷波的判别。

2.3 61°反射波

在直角三角形试块上若纵波入射角 α 与横波反射角的关系为 $\alpha=90°$，则会在示波屏特定位置上出现反射波，如图附录Ⅰ-4 所示。

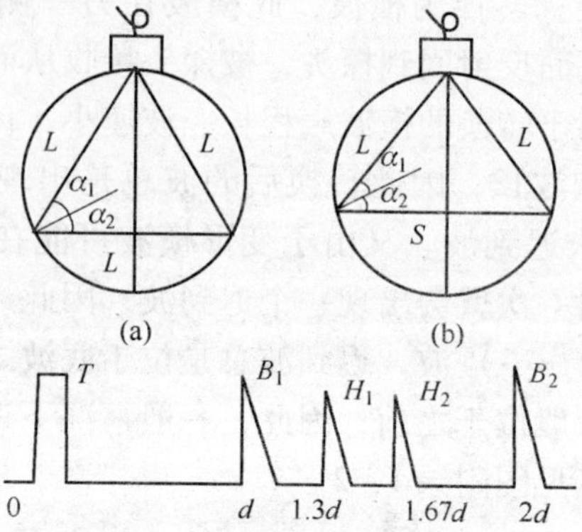

图附录Ⅰ-3 三角反射波形示意图

（a）等边三角形；（b）等腰三角形

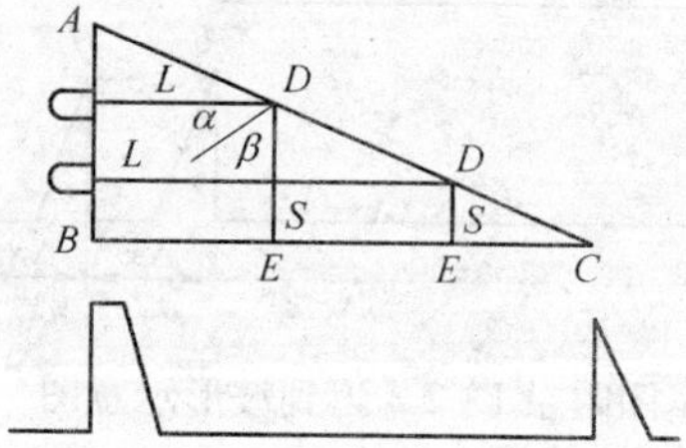

图附录Ⅰ-4 61°反射波示意图

当探头在 AB 边上移动时，反射波的位置不变，其声程恒等于三角形 61°所对角 BC。

2.4 探头杂波

当探头吸收块吸收不良时，会在始波后出现一些杂波，当斜探头有机玻璃斜楔设计不合理时，声波在有机玻璃内的反射回到晶片，也会引起一些杂波。另外，双晶直探头探测厚壁工件时，由于入射角比较小，声波在延迟块内的多次反射也可能产生一些非缺陷信号，干扰缺陷回波的判别。

2.5 工件轮廓回波

表面沟槽引起的反射波，当超声波扫查到表面形成的沟槽时，会引起沟槽反射，这种波一般出现在一、二次波处或稍偏后位置，波形特点为不强烈迟钝。

2.6　幻像回波

幻像回波的出现与脉冲再复频率有关，对于锻件超声波检测，当重复频率过高时，第一个同步脉冲回波没来得及出现，第二个同步脉冲又重新扫描，如果材料透声性较好，就会在屏幕上出现幻像波，影响对缺陷波的判别。

幻像波以通过脉冲重复频率、声速和检测范围计算出它的位置和出现的个数，即幻像波的出现也是有规律可循的，实际检测时，对锻件只要将脉冲重复频率调低一些，一般不会出现幻像波。

2.7　草状回波

超声波在锻件中传播，遇到声阻抗不同的界面产生散乱反射引起衰减，散射衰减与材质的晶粒密切相关，当材质晶粒粗大时，散射衰减严重，被散射的超声波沿着复杂的路径传播到探头，在示波屏上引起草状回波，使信噪比下降。严重时会湮没缺陷波，给超声波探伤带来许多困难。

草状回波常出现在奥氏体不锈钢的粗晶钢中，奥氏体不锈钢出现草状回波时，常在锻造、轧制或固溶后进行超声波探伤，此时锻件晶粒较细小、均匀，有利于超声波探伤。

附录 J　钢锻件超声波检验方法
（GB/T 6402—91）

本标准适用于脉冲反射式超声波检验法对厚度或直径大于100mm 的碳钢及低合金钢一般锻件的超声检测。

1　对比试块

1.1　对比试块用的材料

应与被检验锻件具有相近的声学性能（如声速、声衰减等）

和相近的规格尺寸。

1.2 对比试块的规格

纵波检验用的对比试块，其平底孔直径分别为2mm、4mm、8mm、16mm，平底孔深度为25mm，检测面到平底孔的金属声程推荐为20mm、30mm、50mm、80mm、100mm、120mm、150mm、200mm，超声波检验。检测面是平面时，选用平面对比试块，如图附录J-1所示。

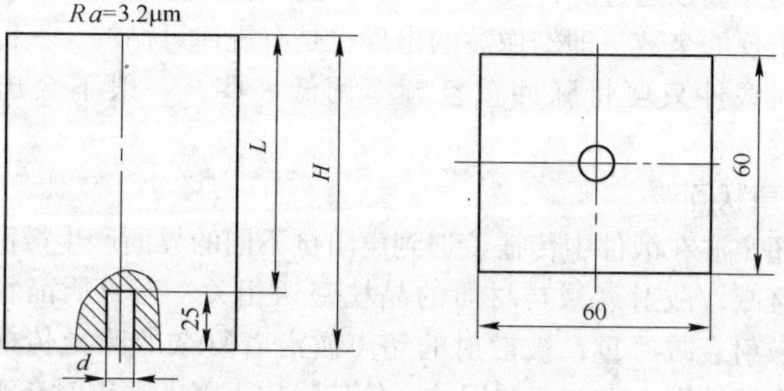

图附录J-1 平面对比试块示意图

H—试块高度；L—金属声程；d—平底孔直径

测面是曲面时，选择与锻件大致相同曲率半径（0.7~1.1倍的曲率半径）的曲面对比试块（图附录J-2）。

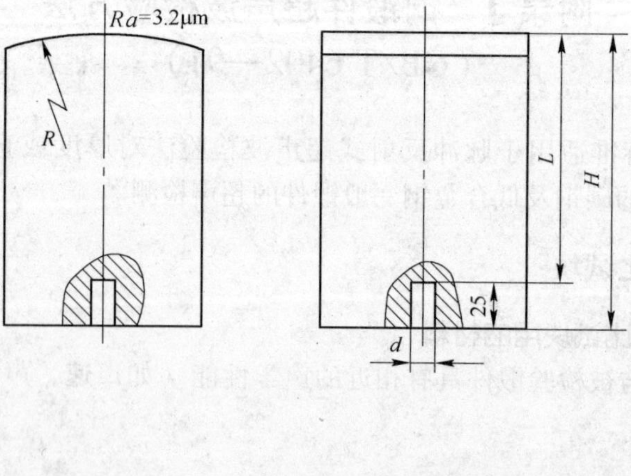

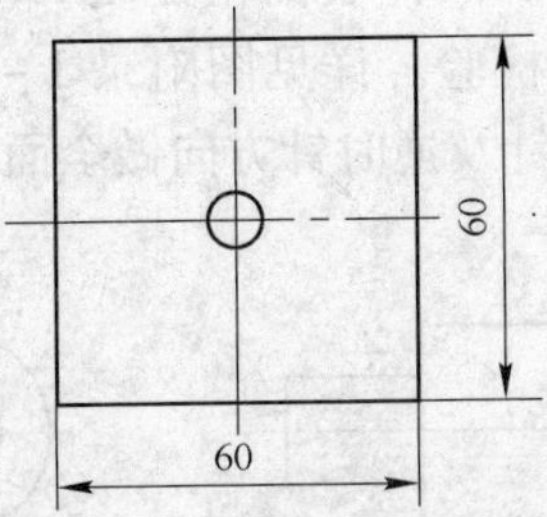

图附录 J－2　曲面对比试块示意图

2　检验仪器和设备

2.1　检测频率

频率范围 1～5MHz。

2.2　线性误差

水平线性误差不大于 1%，垂直线性误差不大于 4%。

2.3　衰减器

要求衰减器细调步级不大于 2dB，最大衰减量不低于 70dB，误差不大于 1dB。

2.4　直探头要求

采用圆形晶片的直探头，其频率和直径一般按表附录 J－1 规定，探头主声束应无双峰，无歪斜。

表附录 J－1　直探头晶片频率及直径

频率/MHz	直径/mm	频率/MHz	直径/mm
1～1.25	20～30	4～5	10～25
2～2.5	14～30		

3　检验条件

锻件检验一般应在锻件热处理之后和钻孔、开槽等加工之前进行。接触法检验时，锻件表面粗糙度 $Ra < 3.2\mu m$，一般应从相互垂直的方向进行检验。详见图附录 J－3，横波检验时，一般应从外表面按顺时针及逆时针方向做全面检验。

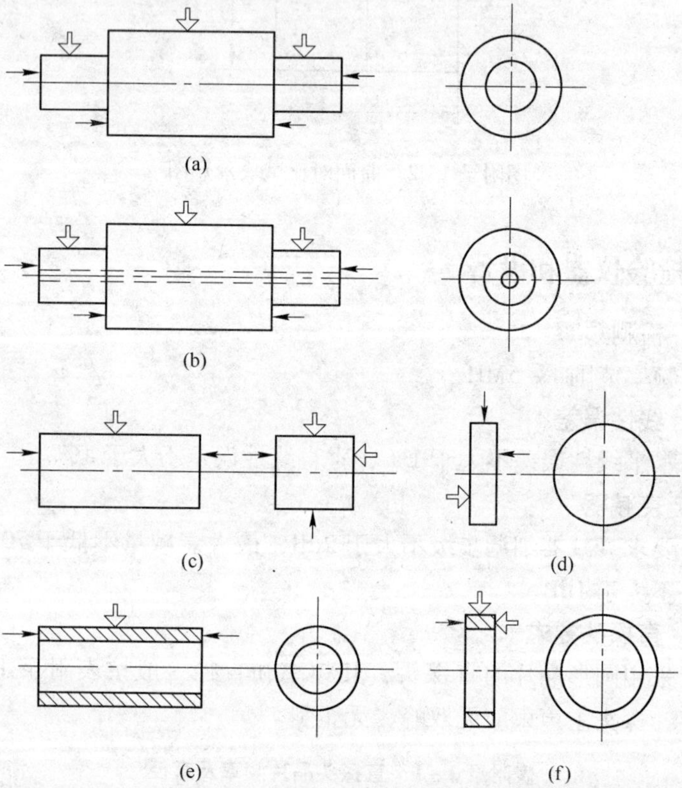

图附录 J－3　探测方向示意图

（a）轴形锻件；（b）钻有中心孔锻件；（c）具有平行平面的锻件；（d）圆盘形锻件；（e）圆筒形锻件；（f）环形锻件

空心箭头—探测方向；实心箭头—需商定的方向

4　灵敏度的调整

用对比试块法或底波反射法调整灵敏度。

5　质量等级

锻件的超声波检验质量等级见表附录 J－2。

表附录 J－2　锻件超声波检验质量等级

质量等级	1	2	3	4
平底孔当量直径 d/mm	$d \leq 2$	$2 < d \leq 4$	$4 < d \leq 8$	$8 < d \leq 16$

6　相关标准

目前国家标准有：JB/T 5000.15—2007、GB/T 4162—2008 等标准。较国外相对应标准比较而言，国家标准内容颇为精练。

附录 K　中间轴锻件探伤密集型缺陷分析

1　缺陷

40Mn 钢中间轴锻件探伤检验，存在 $\phi 2 \sim 3$mm 当量的密集型缺陷，根据 IACS No. 68 EN10228－3—1998 探伤标准，此产品存在此缺陷为不合格产品。

2　分析

对存在缺陷的试料通过探伤定位，探伤缺陷位置描述情况根据图附录 K－1 进行描述，探伤检验结果为：

在 B 部距 O 点 4960mm 范围内均发现 $\phi 2$ 当量的密集型缺陷，深度 330mm－中心，其中最大反射当量为 $\phi 4$。B 部的其他区

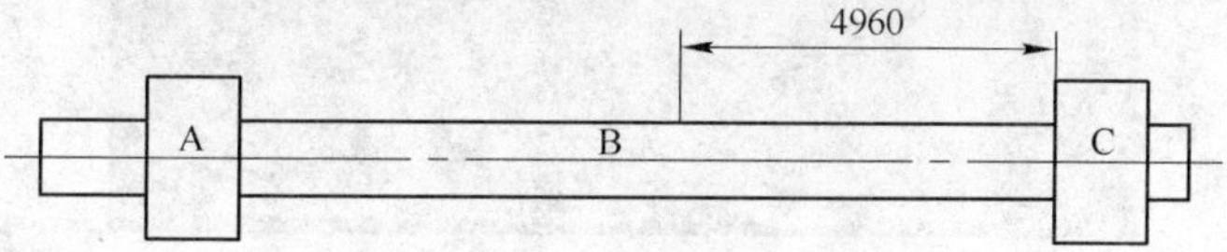

图附录 K－1　探伤缺陷位置

域有 $\phi2$ 以下的密集型缺陷,深度 250mm 中心。其他部位未发现不小于 $\phi2$ 的缺陷。根据 IACS No. 68 EN10228－3—1998 探伤标准检验结果定位,并进行进一步的解剖分析,低倍试样的加工与制取。

酸浸后的低倍试样纵向检验面上出现数条沿变形方向的条形缺陷，10 倍放大镜下观察部分缺陷深可见底，缺陷长度约 2mm 左右、宽度约 0.2～0.5mm，在低倍横向试样面上存在多处小空隙。通过对试样边缘观察，纵向的条形缺陷与横向孔隙有对应特征，缺陷性质需进一步检验方可定性。纵向的条形缺陷的具体形态见图附录 K－2。

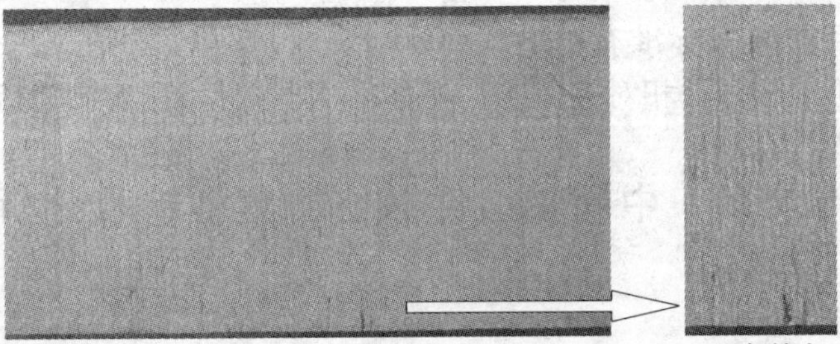

图附录 K－2　纵向的条形缺陷及局部放大

为进一步分析低倍出现条形缺陷的性质，于是在出现缺陷最严重的低倍纵向检验面的区域，分别切取高倍金相试样和断口试样（断口为纵向），断口试样经 40Mn 钢的热处理制度进行调质处理，制成断口试样以备观察，具体情况见图附录 K－3。

图附录 K－3　高倍与断口取样位置图

对此试样进行夹杂物检验，试样中的 B 类（氧化铝类）夹杂物较多，夹杂物沿纵向呈现密集的链状分布，有些夹杂还出现多条链状聚集形态，见图附录 K－4。

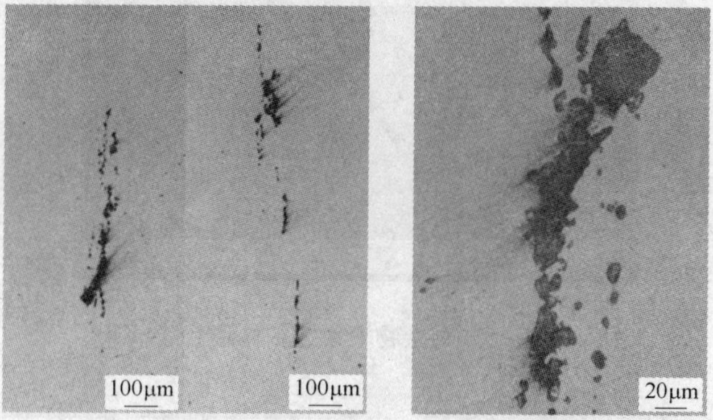

×100　　　　×500

图附录 K－4　氧化铝类夹杂物聚集链

另外，还存在少量硫化物及较大尺寸的单颗粒点状不变形夹杂，按 GB/T 10561—2005 标准检验，检验结果见表附录 K－1。

表附录 K－1　非金属夹杂物检验结果

夹杂物类型	A（硫化物类）		B（氧化铝类）		C（硅酸盐类）		D（球状氧化物类）		Ds（单颗粒球状类）	检验标准
夹杂物类系	细系	粗系	细系	粗系	细系	粗系	细系	粗系		
等级	0.5	1.0	0	>3.0	0	0	0	1.0	2.0	GB/T 10561—2005

将调质处理后的断口试样进行 SEM 观察，断口面上存在数条呈链状分布的夹杂物，测量夹杂物聚集链长度达到 1.9mm，见图附录 K－5，断口中夹杂物 SEM 形态见图附录 K－6。

对存在夹杂物聚集链中的颗粒状夹杂物进行 EDS 成分测定，

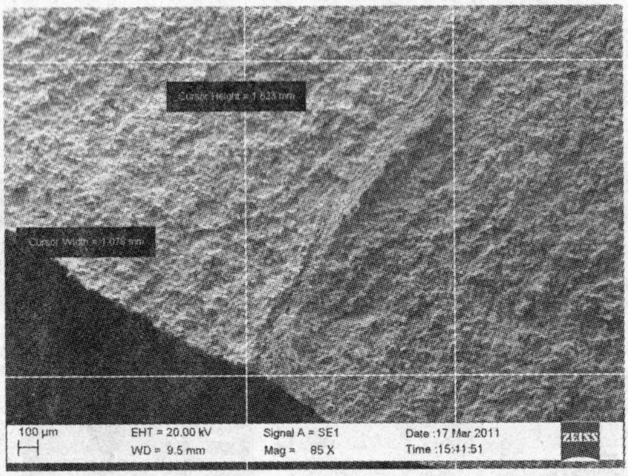

图附录 K－5　夹杂物聚集链整体形貌（SEM）

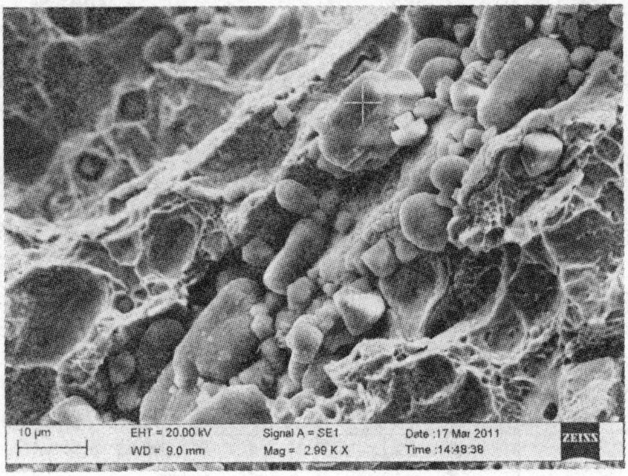

图附录 K－6　夹杂物聚集链局部放大图片（SEM ）

聚集链中主要存在两类夹杂物，其中颗粒呈圆滑的夹杂物是含 Al 和 Ca 为主的氧化物，见图附录 K－7；另一种呈棱角状的夹杂物是以 Al 和 Mg 为主的氧化物，见图附录 K－8。

在中间轴的探伤检测中发现，内部存在 $\phi 2 \sim 3$mm 当量的密集型缺陷。而通过破断分析则可对其探伤缺陷的属性做进一步的分析，分析步骤如下：

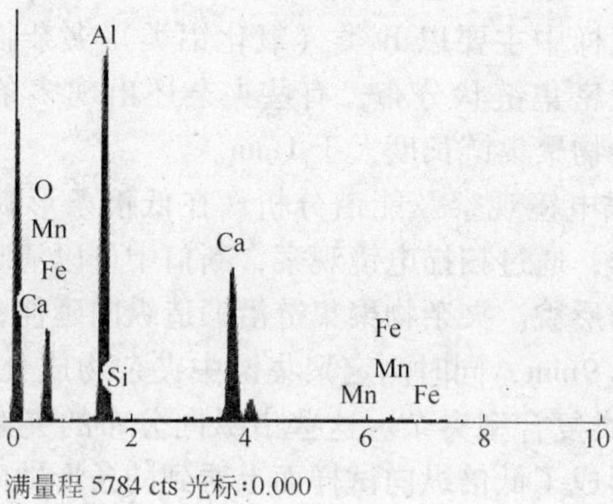

图附录 K－7　钙铝酸盐类夹杂物（EDS）

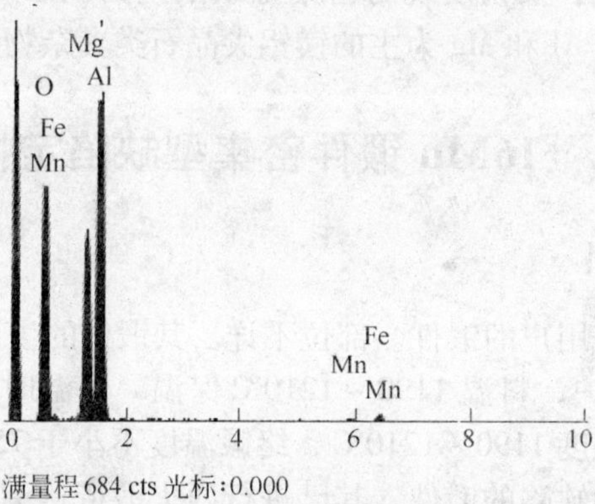

图附录 K－8　镁铝尖晶石类夹杂物（EDS）

（1）低倍：试样取自中间轴试样探伤定位出现缺陷严重的位置，在低倍酸浸试样上，观察到低倍试样纵向检验面出现数条沿变形方向的条形缺陷，10 倍放大镜下观察部分缺陷深可见底，缺陷长度约 2mm、宽度约 0.2～0.5mm，此缺陷与探伤出现的 ϕ2～3mm 当量的密集型缺陷有对应关系。

（2）高倍：从低倍条形缺陷严重处进一步取样，进行高倍观察和分析，除了存在少量硫化物及较大尺寸的单颗粒点状不变形夹杂物外，试样中主要以 B 类（氧化铝类）夹杂物居多，夹杂物沿纵向呈现密集链状分布，有些夹杂还出现多条链状聚集形态，部分夹杂物聚集链长度大于 1mm。

（3）扫描电镜观察及能谱分析：在低倍条形缺陷严重处切取的断口试样，通过扫描电镜观察，断口中可以清晰地观察到夹杂物聚集链的形貌。夹杂物聚集链沿锻造纵向延伸，夹杂物聚集链长度约为 1.9mm，同时测定聚集链中夹杂物成分为 Al、Ca 和 Mg 的氧化物类复合型夹杂。这些沿纵向分布的夹杂物，由于强酸腐蚀脱落形成了低倍纵向试样面上看到的条形缺陷形貌，断口中观察到的夹杂物形态与尺寸和高倍夹杂物与低倍条形缺陷相吻合。

（4）推论：探伤发现的密集型缺陷应为以 Al 和 Ca 为主的钙铝酸盐和以 Al 和 Mg 为主的镁铝尖晶石类夹杂物。

附录 L　16Mn 锻件密集型缺陷定性分析

1　问题提出

试料取自用户的锻件。部位不详。其锻件的生产过程为：锻前≤900℃装炉，料温 1190 ~ 1210℃保温，保温时间按 1h/5mm 计算，始锻温度 1190 ~ 1210℃，终锻温度不小于 750℃。试料取自出现密集型缺陷的锻件。其已进行两火锻造，头火拔长到 350 方再镦粗，镦粗后再拔长 1.2 倍再镦粗，在冷却后探伤结果不合。用户在出现上述不合格情况后，进行了如下试验，按照原加热锻造工艺，将锻件入水冷却到 50℃以下，手摸微温，探伤合格，到完全冷却后又出现如上不合格情况。

2　低倍

2.1　宏观酸浸

对取回的试块经探伤人员定位后切取低倍试样并进行酸浸试

验，试块纵向表面存在较密集的小裂纹缺陷，裂纹平直，见图附录L-1。

图附录L-1 试料纵向表面酸浸检验情况（小裂纹缺陷）

2.2 宏观断口形貌

取纵向断口试样，进行淬火后，将试样折断，断口上存在椭圆形和鸭嘴形的白色斑点，见图附录L-2。

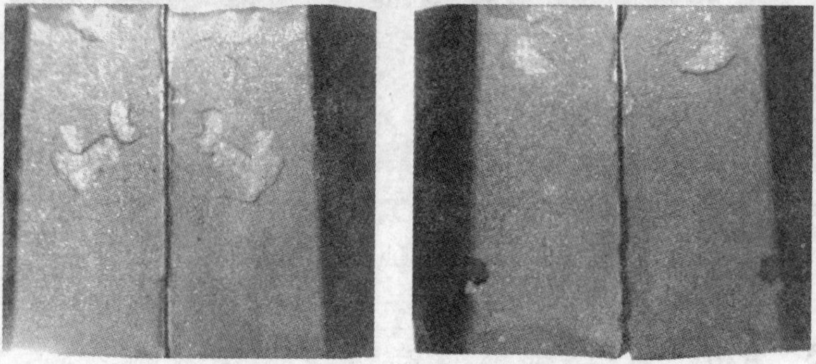

图附录L-2 纵向断口中白斑缺陷

3 金相观察

在低倍试料上切取并制备金相试样，放大100倍观察裂纹平直并有应力开裂特征，见图附录L-3。

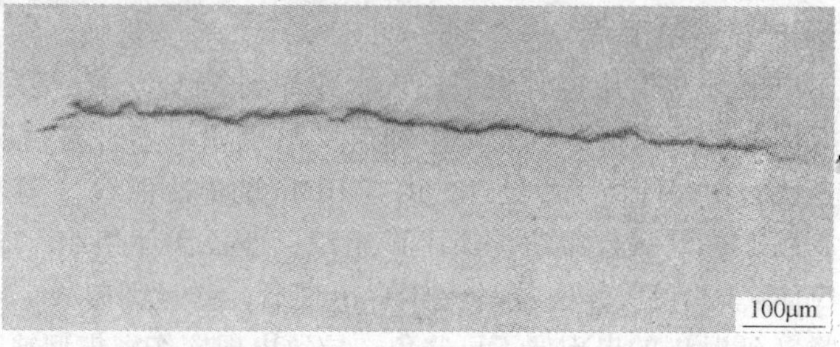

图附录L-3 裂纹光镜形态（×100）

4　SEM 观察

对断口试样的白斑区采用 SEM 进行观察，白色斑点区呈现浮云状和自由表面特征，同时存在显微气孔与二次裂纹，见图附录 L－4。

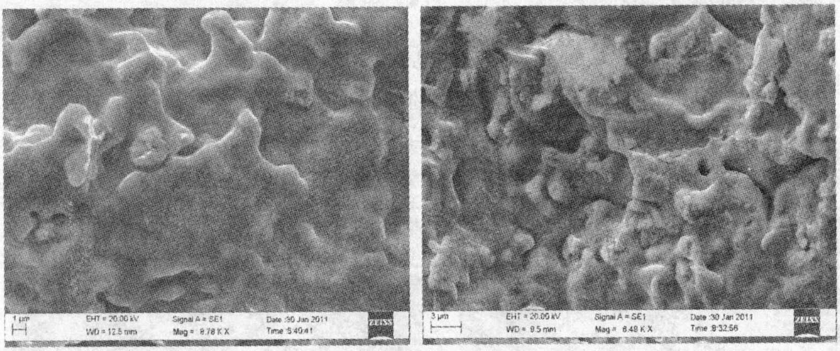

图附录 L－4　斑点处 SEM 形貌

5　分析

5.1　缺陷的属性

通过对宏观断口白色斑点区域的微观观察，呈光滑的浮云状自由面形貌，光镜下裂纹呈锯齿状，这些形貌符合气体形成的内部自由面缺陷特征，即气体导致的内部缺陷。探伤出现的密集型缺陷应为白点裂纹。

5.2　用户试验的解释

用户提出：“ 用户曾将锻件入水冷却到 50℃以下，手摸微温，探伤合格，到第二日完全冷却后又出现如上不合格情况。”分析者认为：锻件经水冷处理，由其 16Mn 的连冷曲线（图附录 L－5）可知：其锻件组织为不平衡组织，即贝氏体组织（或部分马氏体）。当贝氏体（或马氏体）出现后，详见图附录 L－6，其氢脆（延迟）的出现便不可避免，导致出现探伤密集型缺陷。

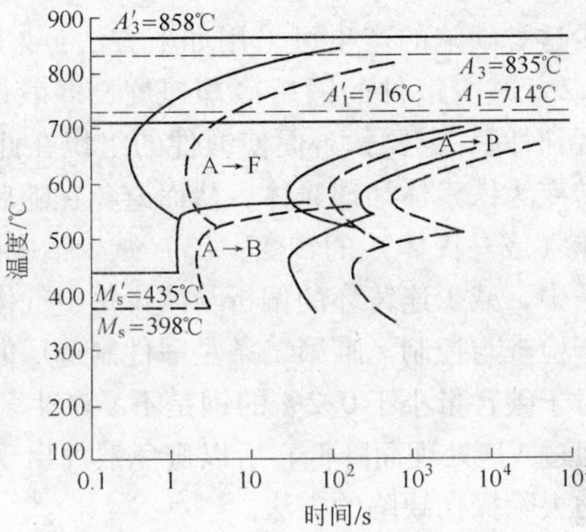

图附录L－5　16Mn的连续冷却曲线

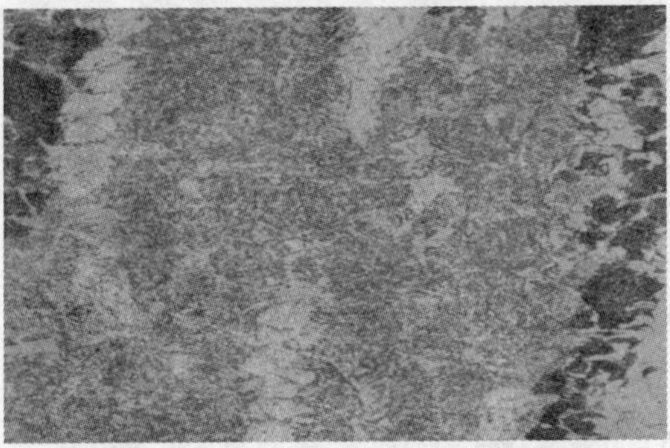

图附录L－6　腐蚀后金相组织中的贝氏体

GB 6654—1996对16Mn钢的化学成分要求过于宽泛，因此图附录L－5中连续冷却曲线的位置变化较大，其带状偏析富碳的区域的白点敏感性会非常高。

5.3　锻件缺陷的成因与预防

锻件的探伤密集性缺陷是由于显微偏析高碳含量区域在较快的冷却速度下，形成的贝氏体组织导致的应力与气体（氢）共同作用的结果。

为了减少这类缺陷的产生可采用如下方法：（1）减少连铸坯的偏析；（2）减少锻件的锻后冷却速度，即锻件冷到716～500℃区间停留时间一定要长，促使锻件的组织在此温度区间由奥氏体完全转变为铁素体加珠光体，从而避免在随后的较低温度区产生贝氏体（或马氏体）的转变；（3）减少钢中的气体。

上述三条中，减少连铸坯的偏析与减少钢中气体是钢厂所做的工作，易于检查与控制。唯第二条是锻件制造厂的工作，尤为重要。因为对于碳含量小于0.2%的钢是不易产生氢脆的。钢中的气体也可通过VD处理而降低，所以避免锻件出现贝氏体组织是尤为有效的去除探伤缺陷的方法。

参 考 文 献

[1] 美国试验与材料学会，ASTM A388/A388M—2003 Standard Practice for Ultrasonic Examination of Heavy Steel Forgings [S]. 美国：美国试验与材料学会，2003.

[2] 美国试验与材料学会，ASTM E428—00 Standard Practice for Fabrication and Control of Steel Reference Blocks Used in Ultrasonic Examination [S]. 美国：美国试验与材料学会，2000.

[3] 美国试验与材料学会. ASTM E317—01 Standard Practice for Evaluating Performance Characteristics of Ultrasonic Pulse-Echo Examination Instruments and Systems without the Use of Electronic Measurement Instruments [S]. 美国：美国试验与材料学会. 2001.

[4] 美国试验与材料学会. ASTM E127—06 Standard Practice for Fabricating and Checking Aluminum Alloy Ultrasonic Standard [S]. 美国：美国试验与材料学会. 2006.

[5] 美国试验与材料学会. ASTM A668/A668M—04 Standard Specification for Steel Forgings, Carbon and Alloy, for General Industrial Use [S]. 美国：美国试验与材料学会. 2004.

[6] 苏日，刘时雨. 大截面34CrNi3Mo叶轮调质热处理工艺的优化 [J]. 大型铸锻件，2007 (5)：9～11.

[7] 刘艳斌. 40CrMoA吊杆的热处理 [C]. 首届中国大型铸锻件制造技术发展论坛论文集（沈阳）. 2006.

[8] 美国试验与材料学会. ASTM A370—03a Standard Test Methods and Definitions for Mechanical Testing of Steel Products [S]. 美国：美国试验与材料学会. 2003.

[9] 美国试验与材料学会. ASTM E112—96 Standard Test Methods for Determining Average Grain Size [S]. 美国：美国试验与材料学会. 1996.

[10] 美国试验与材料学会. ASTM A293—84 Withdrawn 1984：Specification for Steel Forgings, Carbon and Alloy, for Turbine Generator Rotors and Shafts [S]. 美国：美国试验与材料学会. 1984.

[11] 美国试验与材料学会. ASTM 469—94a (Reapproved 1999) Standard Specification for Vacuum-Treated Steel Forgings for Generator Rotors [S]. 美国：美国试验与材料学会. 1999.

[12] 美国试验与材料学会. ASTM A470—03 Standard Specification for Vacuum-Treated Carbon and Alloy Steel Forgings for Turbine Rotors and Shafts [S]. 美国：美国试验与材料学会. 2003.

[13] 美国试验与材料学会. ASTM E1065—99 (Reapproved 2003) Standard Guide for

Evaluating Characteristics of Ultrasonic Search Units [S]. 美国：美国试验与材料学会.2003.

[14] 美国试验与材料学会. ASTM A341/A341M—00 (2005) el Standard Test Method for Direct Current Magnetic Properties of Materials Using D－C Permeameters and the Ballistic Test Methods [S]. 美国：美国试验与材料学会.2003.

[15] 美国试验与材料学会. ASTM A773 / A773M—01 (2009) Standard Test Method for dc Magnetic Properties of Materials Using Ring and Permeameter Procedures with dc Electronic Hysteresigraphs [S]. 美国：美国试验与材料学会.2009.

[16] 美国试验与材料学会. ASTM A418—99 (Reapproved 2003) Standard Test Method for Ultrasonic Examination of Turbine and Generator Steel Rotor Forgings [S]. 美国：美国试验与材料学会.2009.

[17] 美国试验与材料学会. ASTM A788—04 Standard Specification for Steel Forgings, General Requirements [S]. 美国：美国试验与材料学会.2004.

[18] 美国试验与材料学会. ASTM A427—2002：Standard Specification for Wrought Alloy Steel Rolls for Cold and Hot Reduction [S]. 美国：美国试验与材料学会. 2004.

[19] 美国试验与材料学会. ASTM A956—06 Standard Test Method for Leeb Hardness Testing of Steel Products [S]. 美国：美国试验与材料学会.2006.

[20] 美国国家标准，ANSI B46. 1—2009 Surface Texture, Surface Roughness, Waviness and Lay [S]. 美国：美国国家标准局，2009.

[21] 美国试验与材料学会. ASTM A263—09 Standard Specification for Stainless Chromium Steel-Clad Plate [S]. 美国：美国试验与材料学会.2009.

[22] 美国试验与材料学会. ASTM A264—09 Specification for Stainless Chromium-Nickel Steel-Clad Plate [S]. 美国：美国试验与材料学会.2009.

[23] 美国试验与材料学会. ASTM A265—09 Standard Specification for Nickel and Nickel-Base Alloy-Clad Steel Plate [S]. 美国：美国试验与材料学会.2009.

[24] 美国试验与材料学会. ASTM A508/A508M—04a Standard Specification for Quenched and Tempered vacuum-Treated Carbon and Alloy Steel Forgings for Pressure Vessels [S]. 美国：美国试验与材料学会.2004.

[25] 中华人民共和国国家标准，GB/T 7736—2001 钢的低倍组织及缺陷超声波检验法 [S]. 北京：全国钢标准化技术委员会，2001.

[26] 美国试验与材料学会. ASTM A745/A745M—94 (Reapproved 2003) Standard Practice for Ultrasonic Examination of Austenitic Steel Forgings. [S]. 美国：美国试验与材料学会.2003.

[27] 中华人民共和国国家标准，GB/T 1979—2001 结构钢低倍组织缺陷评级图 [S]. 北京：全国钢标准化技术委员会，2001.

[28] 美国试验与材料学会. ASTM E588—03 (2009) Standard Practice for Detection of Large Inclusions in Bearing Quality Steel by the Ultrasonic Method [S]. 美国: 美国试验与材料学会. 2003.

[29] 美国试验与材料学会. ASTM E797/E797M—10 Standard Practice for Measuring Thickness by Manual Ultrasonic Pulse-Echo Contact Method [S]. 美国: 美国试验与材料学会. 2010.

[30] 美国试验与材料学会. ASTM E114 Practice for Ultrasonic Pulse-Echo Straight-Beam Examination by the Contact Method [S]. 美国: 美国试验与材料学会. 2010.

[31] 美国试验与材料学会. ASTM E1158—2009, Guide for Material Selection and Fabrication of Reference Blocks for the Pulsed Longitudinal Wave Ultrasonic Examination of Metal and Metal Alloy Production Material [S]. 美国: 美国试验与材料学会. 2009.

[32] 美国试验与材料学会. ASTM A781/A781M—11 Standard Specification for Castings, Steel and Alloy, Common Requirements, for General Industrial Use [S]. 美国: 美国试验与材料学会. 2009.

[33] 美国试验与材料学会. ASTM A609/A609M—91 (2007) Standard Practice for Castings, Carbon, Low-Alloy, and Martensitic Stainless Steel, Ultrasonic Examination Thereof [S]. 美国: 美国试验与材料学会. 2009.

[34] 美国试验与材料学会. ASTM A217/A217M—10 Standard Specification for Steel Castings, Martensitic Stainless and Alloy, for Pressure-Containing Parts, Suitable for High-Temperature Service [S]. 美国: 美国试验与材料学会. 2009.

[35] 美国试验与材料学会. ASTM A488/A488M—10 Standard Practice for Steel Castings, Welding, Qualifications of Procedures and Personnel [S]. 美国: 美国试验与材料学会. 2010.

[36] 美国试验与材料学会. ASTM A703/A703M—11 Standard Specification for Steel Castings, General Requirements, for Pressure-Containing Parts [S]. 美国: 美国试验与材料学会. 2011.

[37] 美国试验与材料学会. ASTM A487/A487M—93 (2007) Standard Specification for Steel Castings Suitable for Pressure Service [S]. 美国: 美国试验与材料学会. 2007.

[38] 美国试验与材料学会. ASTM A370—11 Standard Test Methods and Definitions for Mechanical Testing of Steel Products [S]. 美国: 美国试验与材料学会. 2011.

[39] 美国试验与材料学会. ASTM E164—03 Standard Practice for Ultrasonic Contact Examination of Weldments [S]. 美国: 美国试验与材料学会. 2003.

[40] 美国试验与材料学会. ASTM E317—06 Practice for Evaluating Performance Char-

acteristics of Ultrasonic Pulse-Echo Examination Systems Without the Use of Electronic Measurement Instruments [S]. 美国：美国试验与材料学会. 2006.

[41] 美国试验与材料学会. ASTM E587—00 (R2005) Practice for Ultrasonic Angle-Beam Examination by the Contact Method [S]. 美国：美国试验与材料学会. 2005.

[42] IX - ISO. ISO 2400—1972 钢件的焊缝 超声波探伤设备校准用标准块 [S]. 1972.

[43] 傅宗柱. 超声波探伤对锻件内部密集性缺陷的性质判断 [C]. 2009 全国射线检测新技术研讨会暨西南地区第十届 NDT 学术交流会，贵阳. 2009.

[44] 罗华权，巨西民，王高峰. 筒类锻件缺陷超声检测方法探讨 [J]. 无损探伤，2009 (6).

[45] 苏娟华，刘晓斐，史宇麟. RP120 - 80 大型挤压辊锻件缺陷修复研究 [J]. 金属铸锻焊技术，2008，37(7)：83 ~ 88.

[46] 韩静涛，张永军，赵中里，薛永栋，刘均贤. 控制夹杂性缺陷的大型饼类锻件的锻造工艺及应用 [C]. 2007 年全国轧钢与锻造过程中的裂纹控制技术学术研讨会，2007：253 ~ 256.

[47] 韩静涛，张永军，赵中里，薛永栋，刘均贤. 控制大型饼类锻件夹杂性缺陷的镦粗成形工艺研究 [J]. 大型铸锻件，2007 (1)：3 ~ 9.

[48] 李兆劲. 大型轴类锻件产生小当量超声波探伤密集缺陷的原因及改善途径 [J]. 大型铸锻件，2001 (1)：37 ~ 40.

[49] 宋敏华，韩国盛，蒋玲. 不锈钢转子锻件缺陷分析 [J]. 大型铸锻件，2009 (5)：17 ~ 21.

[50] 程秀全，霍育林，夏琴香，吴志，谭康华. 轴类大锻件拔长过程锻件心部孔洞锻合情况的研究 [C]. 第十一届全国塑性工程学术年会，2009.

[51] 付宪强. 预防大型锻件缺陷的方法 [J]. 特钢技术，2010 (1)：40 ~ 43.

[52] 潘咸光. 高速钢锻件开裂的原因分析及防止方法 [J]. 机械制造与研究，2006，35 (3)：33 ~ 35.

[53] 康洪涛，米林，薛显光，马亚洲. 大型锻件的超声检测技术 [J]. 四川兵工学报，2010，31 (5)：63 ~ 65.

[54] 范文秉，朱锦艳，潘嘉玉，陈丽芳. 04 静钢锻坯内部气泡裂纹分析 [J]. 电子显微学报，2004，23 (4)：489.

[55] 郑爱聪. 预防大型锻件缺陷的方法 [J]. 机械工程与自动化，2004，122 (1)：80 ~ 82.

[56] 汤和忠，姚志中. 钢锻件超声衰减系数测量误差对缺陷定量的影响 [J]. 无损探伤，2009，33 (3)：43 ~ 45.

[57] 王德全，臧春和．超声波探伤用于锻件白点缺陷的定性研究［J］．柴油机设计与制造，2011，17（1）：48～49.

[58] 王科学，赵敏．锻件超声波探伤中缺陷波和伪缺陷波的识别［J］．机械管理开发，2009，24（4）：73～75.

[59] 中华人民共和国行业标准．JB/T 4730.3—2005 承压设备无损检测 第3部分：超声检测［S］．北京：国家发展和改革委员会，2005.